大数据系列丛书

数据清洗与
ETL技术

冯广 主 编

龚旭辉 周瀚章 李 嘉 徐启东 曾 虎 孔立斌 石鸣鸣 副主编

清华大学出版社

北京

内 容 简 介

本书为大数据时代下的产物,由浅入深地介绍大数据及其相关知识,在大数据的背景下着重介绍 ETL 数据处理技术,同时引入数据清洗的知识,理论与实际相结合,突出所长。在理论上,本书突出重点与难点,较为系统地介绍大数据的各项基本技术。在实践操作上,本书贴近生活,切实理解,紧跟实验进行,并从中萃取精华。同时本书还介绍 ETL 技术的主流工具,结合当下一些项目进行运用,并综合课后思考题,使读者在学习中体会大数据的乐趣,翱游在大数据的海洋中。

本书可作为高校新兴专业——数据科学专业的配套教材,也可作为其他专业的选修课教材,还可作为初学者的学习教程。

图书在版编目(CIP)数据

数据清洗与 ETL 技术/冯广主编. —北京:清华大学出版社,2022.4(2025.1重印)
(大数据系列丛书)
ISBN 978-7-302-60081-7

Ⅰ.①数… Ⅱ.①冯… Ⅲ.①数据处理 Ⅳ.①TP274

中国版本图书馆 CIP 数据核字(2022)第 018794 号

责任编辑:郭　赛
封面设计:常雪影
责任校对:徐俊伟
责任印制:丛怀宇

出版发行:清华大学出版社
   网 址:https://www.tup.com.cn,https://www.wqxuetang.com
   地 址:北京清华大学学研大厦 A 座   邮 编:100084
   社 总 机:010-83470000   邮 购:010-62786544
   投稿与读者服务:010-62776969,c-service@tup.tsinghua.edu.cn
   质量反馈:010-62772015,zhiliang@tup.tsinghua.edu.cn
   课件下载:https://www.tup.com.cn,010-83470236
印 装 者:三河市铭诚印务有限公司
经 销:全国新华书店
开 本:185mm×260mm   印 张:14.5   字 数:353 千字
版 次:2022 年 4 月第 1 版   印 次:2025 年 1 月第 4 次印刷
定 价:48.00 元

产品编号:090626-01

出版说明

　　随着互联网技术的高速发展,大数据逐渐成为一股热潮,业界对大数据的讨论已经达到前所未有的高峰,大数据技术逐渐在各行各业甚至人们的日常生活中得到广泛应用。与此同时,人们也进入了云计算时代,云计算正在快速发展,相关技术热点也呈现出百花齐放的局面。截至目前,我国大数据及云计算的服务能力已得到大幅提升。大数据及云计算技术将成为我国信息化的重要形态和建设网络强国的重要支撑。

　　我国大数据及云计算产业的技术应用尚处于探索和发展阶段,且由于人才培养和培训体系的相对滞后,大批相关产业的专业人才严重短缺,这将严重制约我国大数据及云计算产业的发展。

　　为了使大数据及云计算产业的发展能够更健康、更科学,校企合作中的"产、学、研、用"越来越凸显重要,校企合作共同"研"制出的学习载体或媒介(教材),更能使学生真正学有所获、学以致用,最终直接对接产业。以"产、学、研、用"一体化的思想和模式进行大数据教材的建设,以"理实结合、技术指导书本、理论指导产品"的方式打造大数据丛书,可以更好地为校企合作下应用型大数据及云计算人才培养模式的改革与实践做出贡献。

　　本套丛书均由具有丰富教学和科研实践经验的教师及大数据产业的一线工程师编写,丛书包括《大数据技术基础应用教程》《数据采集技术》《数据清洗与 ETL 技术》《数据分析导论》《大数据可视化》《云计算数据中心运维管理》《数据挖掘与应用》《Hadoop 大数据开发技术》《大数据与智能学习》《大数据深度学习》等。

　　作为一套从高等教育和大数据产业的实际情况出发而编写出版的大数据校企合作教材,本套丛书可供培养应用型和技能型人才的高等学校大数据专业的学生使用,也可供高等学校其他专业的学生及科技人员使用。

编委会主任

刘文清

编委会

主　任：刘文清

副主任：陈　统　李　涛　周　奇

委　员：

前　言

PREFACE

　　党的二十大报告提出"实施科教兴国战略，强化现代化建设人才支撑"。深入实施人才强国战略，培养造就大批德才兼备的高素质人才，是国家和民族长远发展的大计。为贯彻落实党的二十大精神，筑牢政治思想之魂，编者在牢牢把握这个原则的基础上编写了本书。

　　在信息技术高速发展的今天，大数据的发展尤为显著，并影响着社会生产和人类生活的方方面面。随着信息数据量的急剧增长，大数据作为一门新兴的学科出现在人们的眼前。大数据又称巨量数据，是指涉及的资料量规模巨大到无法利用目前的主流软件工具在合理时间内整理成为有用资讯的数据。

　　对一个国家而言，能否紧紧抓住大数据的发展机遇，形成大数据体系，参与新一轮的全球竞争，将影响未来的发展方向，甚至若干年内世界范围内的科技力量主导。在大数据竞争的博弈中，大数据专业人才的培养更是新一轮科学技术较量的基础和重点，各大高校和研究机构承担着大数据人才培养的重任，要为国家的发展输入源源不断的动力。为此，大数据课程的开设和大数据知识的学习也就显得尤为重要，受到了各大高校和科研机构的高度重视。

　　ETL 技术作为大数据背景下不可或缺的一环贯穿着数据的始终，是数据技术人员必备的技能，也逐渐成为大数据专业的一门重要的专业基础课程。

　　本书以帮助读者掌握大数据技术为目标，详细介绍大数据的基本情形和未来发展方向，ETL 技术贯穿全书，使读者在学习 ETL 技术的过程中感受大数据的魅力。

　　本书分为 6 章，采用理论知识与项目教学的方式组织内容，每个项目都来自典型案例，具有说服力，各章节由理论介绍入手，结合实际项目练习扩展知识面，每章最后提供自测题。

　　第 1 章为绪论，由大数据切入，介绍大数据的基本概况，进而引入 ETL，且对这 3 个过程做了整体说明，接着引入本书的第一个入门案例，利用 ETL 技术对论文中的年份进行处理。

　　第 2 章引入 ETL 的第一个过程（数据抽取），详细介绍数据抽取的方式，紧接着对各种形式下的数据源抽取进行分类介绍，最后在 Windows 和 Linux 环境下搭建 MySQL，且对此进行数据抽取操作。

　　第 3 章为数据转换，介绍数据转换的基本知识点，并对数据转换工具进行详细说明，最后将 Kettle 安装及其部署作为本章的一个案例，并利用 Kettle 工具对某一文件的错误行进行统计并生成日志。

第 4 章为数据加载,介绍数据加载的基本理论知识,然后搭建数据仓库,最后对几种环境下的数据进行加载分析。

第 5 章为 ETL 在大数据下的实现,讲解 ETL 在 Spark、Hive、Sqoop 这 3 种环境下的实现,并搭建 Hadoop 伪分布式集群,最后利用 Sqoop 实现 ETL 过程。

第 6 章为案例分析,讲解 ETL 在高校大数据建设、反洗钱系统、商业智能(BI)和电信领域内的应用及其实现。

本书的读者对象为想学习和了解大数据的科研工作者、高校师生以及对大数据、ETL 技术有极大兴趣的人士。通过本书的学习,初学者可以达到中等水平,能对大数据和 ETL 技术有很好的了解和认知,熟练掌握 MySQL 数据库、虚拟机命令、Hadoop 平台、数据仓库技术等。已在大数据领域造诣极深的学者也可以参考本书,对科研、学习也有一定的帮助。

本书的参考学时为 32 学时,建议采用理论实践一体化的教学模式,各章的参考学时详见如下学时分配表。

学时分配表

项目及章节	课 程 内 容	学　　时
第 1 章	从大数据到 ETL	2
案例 1	处理论文的年份	1
第 2 章	数据抽取	2
案例 2	MySQL 环境搭建及数据抽取	1
第 3 章	数据转换	2
案例 3	Kettle 的分类安装及案例分析	2
第 4 章	数据加载	4
案例 4	数据仓库的搭建	2
第 5 章	大数据 ETL 实现	4
案例 5	Hadoop 伪分布式集群和 Sqoop 案例	4
第 6 章	案例分析	4
案例 6	校园大数据建设	4

本书由冯广主编,龚旭辉编写第 1 章,周瀚章编写第 2 章,李嘉编写第 3 章,冯广编写第 4 章,曾虎编写第 5 章,徐启东编写第 6 章,孔立斌、石鸣鸣负责修改全书,最后由冯广统稿。

由于编者水平和经验有限,书中难免有欠妥和错误之处,恳请读者批评指正。

编　者
2023 年 8 月

目 录

CONTENTS

从大数据到 ETL

学习计划：

- 了解大数据的基本概念
- 掌握大数据的 5V 特性
- 了解 ETL 技术的概念
- 掌握 ETL 的三大关键步骤
- 理解本章案例

本章主要讲解大数据的基础知识，首先介绍大数据的基本概念、发展历程、对世界发展的影响及带来的挑战等；接着介绍大数据处理的整个流程，也就是 ETL 数据处理过程，其中包括数据抽取、数据转换和数据加载三部分，使读者对 ETL 有基本的了解；最后介绍基本的 ETL 与传统数据清洗的区别，使读者对这两者的概念有深入的认识和理解，并做出总结。

1.1 大数据概述

近些年来，人们利用信息技术生产和搜集数据的能力大幅提高，千万个数据库被用于商业管理、政府办公、科学研究和工程开发等，这一势头仍将持续发展下去。于是，一个新的挑战被提了出来：在信息爆炸的时代，信息过量几乎成为人人需要面对的问题，如何才能不被信息的汪洋大海淹没，从中及时发现有用的知识，提高信息利用率呢？要想使数据真正成为资源，就要充分利用它为自身的业务决策和战略发展服务，否则大量的数据可能成为包袱，甚至成为垃圾。面对"人们被数据淹没，人们却饥饿于知识"的挑战，大数据应用应运而生，迎合时代的需要，正视世界发展的态势。

从某种意义上来说，大数据是数据分析的前沿技术。简言之，从各种各样的数据中快速获得有价值信息的能力就是大数据技术。明白这一点至关重要，也正是这一点促使该技术具备走向众多企业的潜力。

近几年，大数据迅速发展成为科技界和企业界，甚至世界各国政府关注的热点。《自然》和《科学》等期刊相继出版专刊专门探讨大数据带来的机遇和挑战。著名管理咨询公司麦肯锡称："数据已经渗透到当今每一个行业和业务职能领域，成为重要的生产因素。人们对于大数据的挖掘和运用，预示着新一波生产力增长和消费盈余浪潮的到来"。美国政府认为大数据是"未来的新石油",一个国家拥有数据的规模和运用数据的能力将成为综合国力的重要组成部分,对数据的占有和控制将成为国家间和企业间新的争夺焦点。大数据已成为社会各界关注的新焦点,"大数据时代"已然来临。

大数据是一个高速发展的新兴学科,在学习它之前,我们有必要了解一下它的基础知识,同时为后面学习 ETL 技术打下基础。下面介绍大数据的概念、发展历程和方向,及其对人们生产、生活的影响和带来的严重挑战等问题。

1.1.1　大数据的定义

"大数据"一词已然成为互联网信息技术行业的热词。不同学者、不同机构对其的定义各不相同,以下是较为精确的几种定义。

① 大数据是一个体量特别大、数据类别特别大的数据集,并且这样的数据集无法用传统数据库工具对其内容进行抓取、管理和处理。

② 大数据,或称巨量资料指的是所涉及的资料量规模巨大到无法通过目前主流软件工具,在合理时间内撷取、管理、处理并整理而成为帮助企业经营决策的有积极目的的信息。

1.1.2　大数据的基本性质

谈及大数据,不可忽略地要谈及它的基本性质,即信息技术人员口中常说的 5V 特性:数据量大(Volume)、数据类型繁多(Variety)、数据处理速度快(Velocity)、数据真实性高(Veracity)和数据价值密度低(Value)。

1. 数据量大

从第一台计算机问世至今 70 多年的时间里,全球数据的数量增长了千倍有余,而后的数据量将会增长得更快,人们正生活在一个"数据大爆炸"的时代。在不久的将来,随着物联网、云计算的普及应用,人们身边的每台设备(包括计算机、手机、汽车、家用电器等)都将会时刻产生大量的数据。

如今,各种数据在各行各业的产生速度之快,产生的数量之大,从以前的 KB 级到现在的 ZB 级(泽字节)发生了翻天覆地的变化,已经远远超出了人类可以控制的范围,"数据大爆炸"时代已经悄然来临。"大数据"数据体量大指的是大型数据集,一般在 10TB 规模左右,但在实际应用中,很多企业用户把多个数据集放在一起,已经形成了 PB 级的数据量。

截至 2018 年,世界上存储的数据达到了 20ZB,2020 年,总量已达到 35ZB。如今,每一天,全世界会上传超过 5 亿张图片,每分钟就有 20 小时时长的视频被分享。然而,即使是人们每天创造的全部信息,包括语音通话、电子邮件等在内的各种通信,以及上传的全部图片、视频与音乐,其信息量也无法匹敌每一天所创造出的关于人们自身的数字信息量。

人们产生的数据量如此庞大,意味着什么呢? 在此打一个简单的比方,如果把这种庞大的数据存储在只读光盘上,那么将这些光盘连起来的长度相当于地球与月球的 3 个往返距离;如果这些数据被记录成一本本 1 000 页的书籍,那么将这些书平铺开将覆盖美国 53 次。以当前的增长速率,不出 10 年,所产生的数据量存储在只读光盘中将可往返月球 10 余次。

2. 数据类型繁多

在大数据时代,数据格式变得越来越多样。大数据在医疗、交通、金融、通信等行业的应用更显其能,同时也呈现出"跨越式"的增长,所涵盖的数据规模非常庞大,已经上升到 EB 级别。在通信领域中,中国互联网络信息中心(China Internet Network Information Center,CNNIC)发出的一份报告指出,截至 2021 年 6 月,中国网民的规模已经达到 10.11 亿,互联网普及率达 71.6%,其中手机网民达 10.07 亿,占据主导地位;在其用途中,网络预约出租车用户规模为 3.97 亿人次,在线教育规模达到 3.25 亿人次,等等。这些数据在体量和速度上都达到了大数据的规模。

在处理巨量数据时,大数据一直发挥其独特方式的作用,效果甚好。同时,在处理不同来源、不同格式的多元化数据方面,大数据也可发挥作用。例如,为了让计算机理解人的想法,人类就必须要求计算机接收人类解决问题的方法、思路和想法,使计算机完成人类设定的工作,并精确地一步一步运行,保证最终完成目标。

在大数据环绕的世界中,类型如此繁多的异构数据对数据处理和分析提出了全新的挑战。

多样化的数据来源广泛,这正是大数据的魅力所在。研究发现,许多领域中的数据有着千丝万缕的联系。例如,交通状况和其他领域的数据都存在较强的关联。据研究发现,可以从供水系统数据中发现早晨用水的高峰时段,加上一个偏移量(通常是 30 分钟左右)就能估算出交通早高峰时段;同样可以从电网数据中统计出傍晚办公楼集中关灯的时间,加上一个偏移量就能估算出晚上交通的高峰时段;还可以通过学校上学和放学的时间,加上一个偏移量(通常 10 分钟左右)估算出学校周围的交通高峰时段。

3. 数据处理速度快

大数据时代的数据不仅来源于日常生产、生活的方方面面,而且产生速度非常快。在谈及数据处理速度时,在科学信息领域有一个著名的"1 秒定律",它指出计算机在秒级时间范围内给出对问题的分析结果并给予决策,如果超过了这个时间,数据本身所涵盖的价值就失去了。IBM 曾经有一则广告,讲的是人们"1 秒"内能做什么,对社会发展有何意义。1 秒,能帮助一家全球金融公司锁定行业欺诈,保护公司的安全,保障客户利益;能发现得克萨斯州的电力中断,避免电网瘫痪;也能检测出日本的铁道故障并发出预警。

基于快速生成的数据,大数据时代的很多应用都能给出实时分析结果,用于指导生活实践和社会生产。因此,对数据处理和分析的速度都有非常高的要求,通常情况下需达到秒级响应。

"快"不仅体现在人们的生活中,在商业领域尤为突出,它早已贯穿商业领域管理、运营和决策的每一个环节,同时也产生了一些新兴词汇用于现代商业数据语境中,如实时、光速、快如闪电、价值送达时间等。其一,像其他大部分商品一样,价值会随着时间的推移而打折扣,在不同的时间节点上,等量数据价值也会不同,应用"数据连续统一体"可解释为:数据存在于一个连续的时间轴上,每个数据都有它的年龄,不同年龄的数据拥有不同的价值取向,新产生的数据更加具有个体价值,产生时间较为久远的数据集合起来更能发挥价值。其二,时间就是金钱,效率才是制胜的法宝。其三,数据具有实时性,很多新生的数据将会在几秒之后就失去了其本身的价值。同样在购物中也会有所体现,顾客从打开网站、选购直至完成购物的过程,推送过程在选购中就已完成,电子商务从顾客的点击量、浏览历史和购物车中的商品推算顾客的兴趣和爱好,进而推送此类商品,这足以说明"快"的重要性。

4. 数据真实性高

随着企业内容、社交数据、交易数据的增加,传统数据的局限被打破,企业越来越需要强有力的数据以确保其安全性和真实性。数据的质量和真实性是获得真知和思路最重要的因素,是成功决策最坚实的基础。追求高数据质量一直是信息人员的奋斗目标,但这也是一项由大数据带来的挑战,即使是目前表现最为优异的数据清洗技术,也无法消除某些数据固有的不可预测性,如人的感情和诚实度、经济因素、环境因素和未来等。

5. 数据价值密度低

随着互联网以及物联网的广泛应用,信息感知无处不在,信息海量但价值密度较低,如何结合业务逻辑并通过强大的机器算法挖掘数据价值,是大数据时代最需要解决的问题。

在处理这些类型的数据时,由于数据本身具有不确定性,所以数据清洗无法修正其不确定性,但不可否认数据本身存在宝贵的信息。因此,人们必须面对大数据的不确定性,并充分利用这一点。

除了以上 5 条主要的性质外,大数据本身还具有很多其他性质,业界人士还把目前的5V 扩展到 11V,包括有效性(Validity)、可视化(Visualization)等。在一些外观美丽的数据背后,它的价值密度却远远低于传统数据库中已有的数据。在大数据时代,许多有价值的信息都分散在海量数据中,集中它们需要耗费大量的人力、物力。在此,可以用一句话概括大数据各个基本特征之间的关系:大数据使用高速的采集、发现和分析技术,从超大容量的多样数据中经济地提取价值。同时,在大数据时代下,亟待解决的问题是:怎样应用强大的机器算法,使之更为迅速地完成数据价值的"提纯"。

大数据在时代的呐喊中应运而生,符合时代发展的需求,它不仅改变了互联网的应用模式,还改变了人们的生活方式和思维模式。在以云计算为代表的技术创新大幕的衬托下,这些原本很难收集或者使用的数据开始变得容易被利用,通过各行各业的创新,大数据会逐步为人类创造出更多的价值。

1.1.3 大数据的影响

大数据在科学研究、社会发展、思维方式、人才培养和市场就业方面,均具有深刻的影响。在科学研究方面,大数据深深地影响科研工作者的工作方式,演化出新的科学范式;

在社会发展方面,大数据逐步应用于各行各业,对社会生产产生积极推动作用,大大推动了新技术和新应用的不断呈现;在思维方式方面,从接触很小的数据到如今的大数据,人们需要转变思维方式,迎接大数据带来的一切挑战,用新的思维方式去思考各种新生的问题;在人才培养方面,高校和科研机构承担重任,开设相关课程为社会输出更多的专业化人才;在创新就业方面,大数据催生了很多产业,尤其是对数据科学家而言,大数据的兴起为他们提供了一个更好地施展抱负的平台和空间。

1. 大数据对科研活动的影响

2012 年,中国工程院院士李国杰和中科院研究院程学旗在《大数据研究:未来科技及经济社会发展的重大战略领域——大数据的研究现状与科学思考》一文中探讨了大数据的科学问题,并提出了"科研的第四范式是基于思维方式的转变"的观点;2013 年,武汉大学的邓仲华教授在《科学研究范式的进化——大数据时代的科学研究第四范式》中重点说明了第四范式:数据密集型科学;2014 年,方璐在《浅谈大数据时代的科学研究方法》中,重点阐述了大数据时代下科研范式转变的科学背景,并论证了"为迎接大数据时代的需求,必须转变传统的科研范式"的观点。第四范式是指在大数据环境下,一切以数据为中心,从数据中发现问题、分析问题直至最后解决问题,真正体会到数据的魅力及其珍贵的价值。对于第四研究范式,由于先有了已知的数据,在此基础上通过计算机得出之前未知的理论,并将其理论运用于服务生产生活,将会推动科技创新和社会进步。

2. 对社会发展的影响

大数据对社会发展产生极深的影响,主要表现在对经济社会变革的影响、信息化、各行各业的融合和新兴技术的产生等。

面对内需的急剧增长,大数据引发产业巨变;面对城乡一体化建设,大数据使得新兴城镇化建设走上数据流动资源配置发展方式;各行各业纷纷转型,大数据促使各行各业转变其原有传统的业态;同时大数据时代的国家竞争是控制权的竞争,我国大数据的建设将紧紧围绕国民幸福进行,透过大数据可以看出人与自然、人与社会的各种直接和间接关系。这些都要求我们对社会和经济做出一定的改革,那么大数据的价值将在其中得以展现。

在以前,各行各业均是一个独立的个体,即使有联系也关系不大。如今,交易的增长、企业规模的扩大和信息技术的发展,促使各个独立的行业联系在一起,多个领域的深度融合是当前也是未来的发展趋势。不断积累的大数据将加快多领域与信息技术深度融合,开拓行业发展的新方向。例如,广告公司利用互联网实现对广告的精准投放;大数据可以帮助运输公司选择最佳的运输路线以使运费成本最低;网上就医系统根据患者的一些症状诊断病情,并给予合理的建议;等等。总之,大数据覆盖的每个角落都因其而发生巨大而深刻的变化。

大数据新技术开发,是大数据应用和不断探求的成果。在强烈需求的驱动下,通过信息数据人员的不懈努力,各种突破性的大数据技术不断被提出并得到了广泛应用,数据的价值也得到了一次次的释放和提升。

3. 对思维方式的影响

在大数据时代,数据于我们是非常有益的,数据需求改变着思维方式。事实上,大数据最关键的转变在于从自然思维转变成智能思维,使得"沉睡"的大数据"活过来",富有生命力。

在小数据的分析中,我们往往需要探究数据背后的因果关系,企图通过有限的样本来对全集做出精准的说明,进而挖掘其内在机理。在大数据时代,我们完全可以运用大数据挖掘技术探究出数据之间的相关性,弥补样本数据的小容量无法关照普遍性的缺陷,进而获取新的认知,来帮助我们捕捉现在和预测未来,这种相关性分析预测正是大数据的核心议题。例如,通过实时数据分析,广州天气酷热,建议销售部门增加空调的生产量,因为人们关注的是天气炎热的一个直接结果,大家都会想到买一台空调来降温,不管怎样,这只是反映了一种"因果关系",而非"相关性"。而在大数据时代,人们追求"相关性"胜过"因果性"。例如,我们在汽车4S店购买了一辆汽车,我们马上会收到保险公司的电话或者短信,同样也会收到"汽车防盗锁"和"车载空调"等相关提示。

在采样样本数据分析中,我们常常需要追求分析方法的精确性,而忽略了算法的高效性。由于样本数据只反映全集数据的一部分,将对样本数据的分析结果运用于全集数据会产生较大的误差,甚至小样本数据的分析结果并不适合全集数据。在大数据时代,不再运用样本数据,其分析结果不存在误差被放大的问题。因此,在数据具有实时性的特点下,必须先考虑算法的高效性,再考虑高精确性。

在以往的科学分析中,采样一直是主要的数据获取手段,这是受当时数据存储和处理能力限制的结果。在大数据时代,人们可以利用大数据技术获得更为优异且和结果分析息息相关的数据,不再依靠采样来获取数据,大数据技术的核心是海量数据的存储和处理。换句话说,随着数据收集、存储、分析技术的突破性发展,科学分析可以完全直接针对全集数据,而不是样本数据,思维方式也从样本思维转向了全集思维,从而更加全面、系统地分析整体状况。

4. 对人才培养的影响

大数据在国内外呈现一片欣欣向荣的景象,这就需要更多大数据的相关人才,而这个重任自然就落到各大高校、各科研机构和各企事业单位的肩上,更加需要建设一套大数据信息技术相关专业的教学和科研体系。数据分析需要统计、数学、计算机等多方知识的复合型人才,亟待需要培养全面掌握数据科学相关的复合型人才;理论指导实践,数据信息人员需要大数据应用实战环境,将自身所学知识与产业融合,在实战中不断学习、实践。由于高校各种实战基础根本无法实现,也缺乏对领域业务的理解,故高校和科研机构培育的人才只具备理论知识,缺乏实战经验,而真正的大数据科学家主要面向企业实际应用,是在企业中成长起来的。但高校还得培养具有前瞻性的人才,即要求其有与时俱进的教学体系和教学内容、先进适用的教学方法、规范严格的教学秩序、求是创新的教学态度、奋发向上的教学学风等。

在各大高校和各大科研机构中需要抓"两头",即引进有大数据相关信息技术的人才进行重点培养,加强基础建设和与企业深度合作,从企业引进相关数据,让学生们切实地体会企业工作的情境,为他们营造良好的实战环境,同时从企业引进富有经验的大数据人才来指导学生的工作,从中获得知识,进而提高学习的实用性;不仅要从企业中引进人才指导学生,师生也要走出校园,进入企业,参加实际的应用项目,直接与大数据接触,将书本理论与实战相结合,锻炼学生的动手能力,为更好地培养数据科学家奠定坚实的基础。

据估计,到 2020 年,仅美国就需要深度数据分析人才 45 万~50 万人,缺口达 15 万~20 万人;需要既熟悉本单位业务需求,又了解大数据相关技术与应用的人才 160 万人,而中国的需求则更大。

5. 对市场就业的影响

照目前的发展态势,大数据的未来一片繁荣,数据信息人员在对大数据的不断应用中,演化出很多新应用和新技术,这就需要更多的数据信息人员,也为社会提供了更多的就业岗位,同时也创造出许多新兴产业,为创新创业提供了更多的选择。

大数据人才一直受到互联网企业、金融业和零售业的青睐,甚至是争夺,在大数据时代下,数据科学家一直是奇缺的人才。互联网企业一直是数据科学家的栖居地,但随着互联网的发展,其数据信息人员严重缺乏,据估计,5 年内国内互联网大数据人才缺口超过50 万人,这也为社会提供了更多的就业岗位。大数据人才的平均薪资水平已逼近 12 000元,如此高薪也为大数据人才提供了可喜的动力支持。

中国大数据市场正处于高速发展期,目前大部分企事业单位正面临转型的困境,这无疑对大数据是一项新的挑战。因此,未来中国市场对掌握大数据分析专业技能的数据科学家的需求会逐年递增,就业前景一片美好。

1.1.4　大数据带来的挑战

大数据高速发展,给人们的生活和生产带来了极大的便利,为国家带来了可喜的经济收益,但也给我们带来了一些极大的挑战。大数据业务创新已成为"新常态",同时也有诸多技术领域亟待突破。

1. 智能数据挖掘

数据挖掘伴随着大数据而生,挖掘方法和工具一直是人们探讨的问题,从以前的人工记录挖掘到如今的机器记录挖掘,虽得到了一定的发展,但还是不满足其需求。智能数据挖掘的探索方式一直不断变革,但许多与数据制备、海量复杂数据组合模式探索、见解分享相关的活动仍很大程度上依靠人工完成。因此,智能数据挖掘技术亟待得到发展,挖掘效率急需提升。

2. 自然语言问答

目前,智能机器人在各行各业引起高度关注,但基本上均是采用非对话式、以信息为中心的问答形式。根据用户个人的对话、环境等完成一系列对话还不够成熟,仍然面临着许多技术难题。在电影《澳门风云 2》中登场的一位虚拟人物——傻强,其功能非常强大,可以完成主人的一些命令,如和主人聊天、端茶递水、感动到哭、有温度感,等等,这仅仅是在电影中实现的,不过也是未来发展的趋势。自然语言对话亟待解决,预计将在未来5年内得以实现。

3. 自动驾驶

随着人工智能的发展和大数据技术的进步,自动驾驶技术逐步出现在人们的生活中。自动驾驶是指车辆不需要人类干预,借助各种车载技术和传感器,如雷达、摄像头以及控制系统、软件、地图数据、GPS和无线通信数据等,自动避开障碍物,自行选择最佳路线,自行驶抵预定目的地。因为自动驾驶技术相当复杂,且研发成本高,所以其大面积应用于生活还需时日。自动驾驶的安全性仍待完善,自动驾驶车祸频出,这对人们的认可度有极大的影响。2015年,《人民日报》报道了一起因自动驾驶躲避障碍物而发生故障,导致车毁人亡的事故;2016年5月7日,美国佛罗里达州发生一起车祸,在车祸中死亡的车主当时使用的正是自动驾驶模式等,这些案例无不引起人们对自动驾驶的安全性考虑。但自动驾驶是未来发展的趋势,我们需要做的是,进一步提高自动驾驶的安全性。据估计,未来10年内,这一技术将得以实现,普遍应用于我们的生活中。

4. 隐私保护

万物互联使得一切事物都数据化,包括我们的行为习惯、社交关系、生活方式和身份信息等,但目前相关法律和监管举措很不完善,这就导致我们的隐私被泄露,甚至被他人非法"二次利用",人们强烈要求自己的数据得到保护。前几年有一则消息被炒得沸沸扬扬,Facebook网站竟将客户的信息泄露并卖给其他商业机构,于是人们开始关心自己的隐私,各国也对此出台相关法律法规。此类事件国内也有许多,比如某人买了一套房子,马上就会有人给他打电话问是否装修房屋;买一辆汽车,马上就会有厂商给打电话推销保险,等等。这类事件完全就是我们的防范心理不够和隐私被泄露的后果。在大数据发展的今天,传统安全以网络安全为主,大数据安全将以数据隐私保护、数据信息安全为主。首先针对防护方式,传统安全并不适合大数据防护,大数据通过海量数据找出安全隐患,大数据技术参与安全防护;其次,需要界定数据权限,个人数据保护是人权保护的重要组成部分,要梳理数据权限,分清责任主体,确定数据的密级和敏感度,保证合法、公正、透明、适当;最后是防护体系的建设,避免数据被不合规使用,保证仅合法用户能访问数据。国家必须建立健全法律法规,加强执行力和提升评估,规范业务发展,协同推进大数据安全与大数据应用体系。

5. SQL 与 NoSQL

SQL是关系数据接口语言,在这里SQL单指传统的关系数据库系统,NoSQL的意思是"不仅仅是SQL"。这不仅仅是一场简单的技术革新,在早期就已经被提出,直到2009年才再次被提及,出现在人们的视野中。NoSQL的应用者提倡运用非关系型形态存储和管理数据,这一概念相对于目前铺天盖地的关系数据库运用来说是一种全新思维的注入。在新的动态模式下,应用传统的数据库技术无法解决,亟待需要应用新的数据库技术来面对新出现的问题,NoSQL 就在这样时代的需求下诞生了。

新技术并非完全代替原有传统技术,只是在原有基础上得到了提升。在很多领域,应用 NoSQL 相对来说,处理问题是比较容易的,但在一些常用领域,仍可应用 SQL 来解决问题。目前,NoSQL 系统一般分两类,第一类为 Schemaless 数据库,是没有模式的数据库,也就是我们常说的列存储;另一类是 Key-Value 的形态,它将数据分成一个个偶对,一个 Key,一个 Value,其优点就是速度快、模式简单、可以水平分布。

最后,需要说明的是,SQL 需要预先定义模式、严谨的一致性、标准化的定义和操纵语言、语义定义不明;而 NoSQL 的接口语言与系统具有同步性、不需预先定义模式、获得响应的速度快、无统一接口语言等特点。

6. 机器学习

自 20 世纪 40 年代计算机问世以来,人们就不断探求挖掘其潜力,同时人们也特别想知道它是否能进行自我学习。现如今,我们还不知道怎样使计算机具备和人类一样强大的学习能力,拥有与人类一样的神奇大脑。然而,一些针对特定学习任务的算法已经产生,关于机器学习的理论知识已逐步形成,人们开发出许多实践性的计算机程序来实现不同类型的学习,一些商业化的应用也均已实现。关于机器学习,首先需要搞清楚什么是机器学习。机器学习就是指从不确定的细节中找到目前我们仍不知道的知识。利用机器学习,首先需要提供训练数据,再运用学习算法,通过训练机进行训练直至学会,最后是通过直接询问得出我们所需的答案。

机器学习解决的问题主要有聚类问题、分类问题、推荐挖掘和频繁项集挖掘。其应用也很广泛和具有可导性,目前,机器学习已经有许多成功的应用。例如,学习识别人类的讲话,在所有最成功的语言识别系统中都应用了某种形式的机器学习技术,如 Sphinx 系统、神经网络学习方法和隐马尔可夫模型学习方法等,它们可以让系统自动适应不同的讲话者、词汇、麦克风特性和背景噪声等;学习驾驶车辆,机器学习方法已被应用于训练计算机控制车辆,使其在各种类型的道路上正确行驶;人工智能,作为搜索问题的机器学习、作为提高问题求解能力的学习,利用先验的知识和训练数据一起引导学习。

1.2　科学处理数据

前面主要介绍了大数据的基本知识,但是我们需要做的是如何科学地处理、加工这些数据。这也就是接下来需要讲解的内容——数据转换。如何转换数据使其更好地融入科学数据中?总地来说,数据转换是整个数据流程中最关键的一步,它直接影响其前后的工作。

我们把整个数据链的处理分为 6 个步骤,但每个步骤不是简单地从头至尾执行,而是需要不断地迭代,反复执行。在这 6 个步骤中,对数据的整个处理过程也就是我们常说的 ETL 过程,每一步都非常关键,需要各个环节紧密配合,下面简单介绍这 6 个步骤。

(1) 陈述问题,提出我们需要解决的问题。

(2) 收集和存储数据,理解数据源和数据仓库。

（3）数据清洗，对已有的数据进行处理，使之更好地适用于接下来的工作需求。

（4）机器学习和数据分析，对应用算法和机器学习进行探究。

（5）展示数据和可视化，对处理后的数据，利用可接受的方式展示，并提出最佳的可视方案。

（6）决定问题，对提出的问题提出解决办法，并提出有何不足和改进措施。

本书主要围绕数据处理整个过程进行，数据处理的整个过程少一步均不可行。最关键的一步是数据清洗，数据清洗并不是简单地对数据进行删改，它包含了格式、编码、字符串类型的修改等。第（2）步对第（3）步的影响很大，收集数据源的数据，并进行清洗，最终保存清洗后的数据，如此反复迭代，直至将清洗完的数据与未处理的数据再次进行清洗，最终保存。其中，数据清洗承担了数据处理 80% 的工作量，非常烦琐复杂，要求信息处理人员有足够的耐心和熟练度。处理后的数据状况要求交由下一层相关工作人员。

1.3　ETL 简介

ETL 的概念是伴随着数据仓库的运营而产生的，它是数据抽取（Extract）、数据转换（Transform）和数据装载（Load）的英文首字母缩写，是数据仓库获取高质量数据的关键环节，是对不同数据源的数据进行提取、转换、清洗和加载的过程，可使这些数据成为商业应用中的有用数据。ETL 是构建数据仓库的第一步，也是最关键的一步。

数据 ETL 是商业智能（Business Intelligent，BI）、数据仓库及数据挖掘技术的核心，其主要用来实现异构多元数据源的数据集成。数据的抽取、转换和装载是创建数据仓库系统的重要环节，它将异构多数据源的数据按照某一特定统一指标载入数据仓库中，极大地解决了组织机构内部数据的一致性和信息集成化问题。本节主要对 ETL 进行详细分析，包括 ETL 的定义、基本过程、架构体系、必要性、现状与发展等。

1.3.1　ETL 的基本定义

随着社会的不断发展和企业的不断壮大，许多大型企业纷纷建立起基于提高客户服务质量的数据仓库，它将公司内部的所有数据汇聚在一起。而正确、稳定、高效的 ETL 过程是提高保证数据分析和提高数据质量的前提。因此，必须高度重视 ETL。

当下，对于 ETL 有多种定义，但都很好地诠释了其整个过程。有人认为，"ETL 工具是一种专门化的工具，它的任务是处理数据仓库的同构性，对数据清洗以及装载的问题。"也有人认为，"ETL 是一组负责从多个不同种类和形式的数据源中抽取数据，对数据进行清洗、客户化，进而将其装入数据仓库中的软件。"这两种定义大同小异，都从功能的角度对 ETL 进行了解释和说明。ETL 的具体结构如图 1-1 所示。

在 ETL 的整个过程中，数据抽取（E 过程）可以看作是数据的输入过程，主要解决的是数据源的异构问题，换句话说，就是应用各种技术将不同数据源中的数据抽取到统一的存储中；数据转换和清洗（T 过程）主要解决数据质量的问题，它通过一系列的清洗、处理过程检测海量数据中存在的一些问题（包括重复、残缺和异常）并加以更正，再使用某种转换规则（可以是默认，也可以是用户定义的规则）对这些数据进行合并、转换等操作，使得

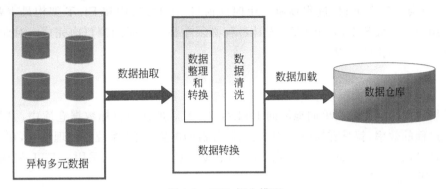

图 1-1　ETL 概念模型

处理后的数据具有良好的一致性、完整性和可用性；接下来的数据装载（L 过程）可以看作是数据的输出过程，即将经过 T 过程转换处理后的数据从统一的数据存储装载到目标仓库中。

1.3.2　ETL 的基本过程

在数据仓库系统的构建过程中，存在一个先天缺陷，它建立在传统的业务系统上，而这些业务系统往往都是在不同的时间段、针对不同的目的，由不同的开发商共同完成的。当时在开发这些业务系统时，并没有考虑到将来会建立这个数据仓库系统。因此，其格式、存储、系统等，均会存在极大的异构性和不相关联性，也就给 ETL 过程的数据加载带来了极大的麻烦。如何将这些异构多元的数据加载到数据仓库中，是亟待解决的问题。ETL 就是用来解决怎样把针对日常业务操作的数据转换为针对数据仓库存储的决策支持性数据，这是数据仓库的一个核心过程。

在整个数据仓库的构建中，ETL 工作占了整个工作的 70% 左右，那么团队之间的 ETL 是怎么实现的？ ETL 还包括日志控制、数据模型、原数据验证、数据质量等方面。例如，微软公司需要整理全球的数据，但是每个国家都有自己的数据源，有的是企业资源计划（Enterprise Resource Planning，ERP），有的是 Access，而且数据库都不一样。

1.3.3　ETL 的架构体系

在一个复杂的数据仓库项目中，ETL 的设计和实施的工作量一般占用总项目的大部分时间，而且在数据仓库项目中往往会有二次需求，面对客户提出的一些要求，选择合理的 ETL 工具就显得尤为重要。

ETL 的主流工具有 Datastage、Kettle、Power Center 等（这些工具在第 3 章会详述）。但 ETL 工具目前有两种技术架构——ETL 架构和 EL-T 架构，表面上看并不会发现有什么明显的区别，但仔细研究，这两个架构的区别很大。在工具的图形化设计、维护方面，ETL 工具中最关键的一点是 T 阶段，且 ETL 工具必须提供一种非常简单易用的维护界面来定义和维护客户需求的随时变化，同时需要提供相关元数据管理，进而更好地维护和监控整个 ETL 过程。就效率而言，数据仓库的整个 ETL 过程均是批量化进行的，一般情况下,系统会为整个 ETL 过程预留一个时间窗口。ETL 架构和 EL-T 架构最主要的区别在于用户产生大数据,整个 ETL 设计过程必须在预留的时间窗口内完成。对此,再探讨一下这两个架构的实现机制。

1. ETL 架构

数据流向是从原数据单向地流向 ETL 工具,最后加载至目标数据仓库中,但要想提升整个过程的效率,就只有增强 ETL 工具服务器的配置,优化系统的处理流程,在主流的工具中,IBM 的 Datastage 和 Informatica 的 Power Center 原来均采用了 ETL 架构,具体如图 1-2 所示。

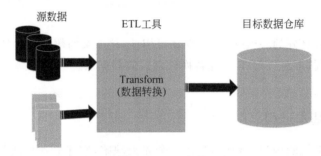

图 1-2　ETL 架构

ETL 架构的主要优势有如下 4 点。

(1) ETL 采用单独的硬件服务器。

(2) ETL 与底层的数据库数据存储无关。

(3) ETL 相对于 EL-T 架构可以实现更为复杂的数据转换逻辑。

(4) ETL 可以分担数据库系统的负载。

ETL 架构存在的问题有如下 4 点。

(1) 单为了提高扩展性,需要单独的强有力的硬件服务器。

(2) 对数据的处理是串行的,并不能并行处理数据。

(3) 扩展性和效率并不是很好。

(4) 欲达到和 EL-T 架构一样的性能,一般需要两倍于 EL-T 架构的硬件配置(CPU和内存等)。

2. EL-T 架构

在 EL-T 架构中,EL-T 工具只是负责提供图形化的界面来设计业务规则。若要提高效率,修改执行加工的服务器或者调优有关数据库都可以达到要求。在主流的应用工具中,Oracle 和 Teradata 都应用 EL-T 架构,具体如图 1-3 所示。

EL-T 架构的主要优势如下。

(1) EL-T 架构的可扩展性取决于数据引擎和去硬件服务器的可扩展性。

(2) 对有关数据库性能调优,EL-T 过程的效率会提高 3～4 倍。

(3) EL-T 架构可以对数据进行并行处理,并利用数据库的固有功能优化磁盘的输

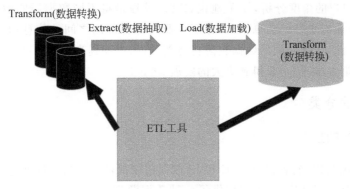

图 1-3　EL-T 架构

入/输出。

（4）EL-T 架构显然提高了系统的可监控性，由于可以保持所有数据始终在数据库中，所以不会导致数据的加载和导出。

（5）EL-T 架构主要通过数据库引擎来实现系统的可扩展性，可以充分利用数据库引擎的资源。

EL-T 架构存在的问题如下。

（1）依赖数据库存储大量的临时表，从而增加了数据库的存储容量。

（2）会和其他应用争用硬件资源。

（3）一切依赖数据库，没有单独的硬件服务器。

（4）不能从多种数据源实现同时加工，只能在数据库中加工数据。

1.3.4　ETL 的必要性

为什么要进行 ETL 过程？主要是由所抽取的源数据和数据仓库的功能决定的。ETL 的必要性，主要体现在以下几方面。

（1）产生的源数据是异构、分布式的，它既可以是同一企业内部的业务数据，来自不同部门产生的不同业务，也可以是来自于外部的数据。因此，在保证数据仓库中的数据是可信的、全面的前提下，必须把这些不同来源的数据抽取出来，整合到一起，以便进一步处理。

（2）数据的来源具有多样性，这些数据的表现形式必然是不一致的，呈现出多种多样的形式，更有甚者其内容也是相互矛盾的。在这些情况下，为了更好地保证加载到数据仓库中的数据是准确和统一的，必须对这些不同来源、不同形式的数据源进行转换和处理，统一其表现形式，对其相互矛盾的内容辨别真伪，去伪存真。

（3）数据源的多样性必然会导致数据在时间和空间上的冗余度较大，必然对这些数据进行清洗，进而确保数据的唯一性。

（4）在整个 ETL 过程中，必须对数据进行适当的处理（包括合并、转换、清洗、关联、拆分等，再结合时间戳及其他特性），使得原数据形成符合数据模型要求的多维数据，这样才能将数据顺利地加载到目标数据仓库中。

（5）单从用户的角度分析，简单地说，ETL 过程是将不同数据源的数据集合到数据仓库中，使得企业有更好的信息平台，方便企业内部各部门之间的信息沟通，打破了原先部门的界限，如此，各部门间的数据交流将更加方便，进而提高企业的办事效率，更是提高了各部门的决策水准，使企业得到更大的发展。

1.3.5　ETL 的分类

1. 集中式 ETL

传统集中式 ETL 抽取和加载（E 和 L）过程往往都是针对同一数据仓库而言的，其本质就相当于一个数据转换器，仅仅提供了一种数据源到目标数据仓库的转换方法。这里仅提到即可，不予细讲。

2. 分布式 ETL

分布式 ETL 是对传统 ETL 的横向扩展，将 ETL 转换为分布式或串行的 ETL，进而大大缩短数据的处理时间。分布式 ETL 的主要技术如下。

（1）基于多 Agent 间协作的分布式 ETL。

该技术是把多 Agent 系统技术引用到分布式计算环境中，主要框架是把 ETL 的 3 个过程分别对应于各个 Agent，并把每个模块对应到一个 Agent，接着利用 Agent 之间的主动性、交互性和协作性来构建 ETL 框架。该框架主要解决了 ETL Agent 之间的负载均衡问题。但该方式有个极大的缺点，各个 Agent 的稳定性得不到保障，某个 Agent 出现问题，必然会影响整个系统的运作，更有可能危及数据安全性。

（2）基于 MapReduce 方式实现分布式 ETL。

由于 MapReduce 是 Hadoop 平台下的模块，且是开源平台，系统的灵活性明显比其他数据处理方式要高得多，而且这种框架对大数据特别适用，扩展性好很多。该分布式 ETL 是将 ETL 用 Map 和 Reduce 两个函数进行数据的并行处理，用户无需过多地关注其过程，只需要关注 Map 和 Reduce 这两个函数的编写即可。故此分布式 ETL 相比其他数据处理方式可以大大提高效率。

（3）基于 SOA 方式实现分布式 ETL。

该方式将紧耦合的 ETL 转换为了松耦合的 ETL 过程，主要通过重构 ETL 来解决 ETL 各组件之间的分布性和可交互性问题。实现 ETL 之间的可交互主要是应用 Web Service 的方式构建各组件。该方式的好处主要体现在，管理和维护明显减少，对数据源的影响也不是很大。但不可避免地会出现网络延迟和增加客户端开销的问题。

1.3.6　基本 ETL 过程与数据清理的区别

在以往的一些研究中，数据清理往往作为一个独立的主题研究，所以在以往的文献中很少对数据清理与数据转换进行对比讨论。一般而言，它们对数据的处理是不同的，对于 ETL 过程来讲，数据源与数据目标确定以后，基本的 ETL 过程就基本确定了；但对于数据清理来讲，它需要随着数据源的质量变化而进行相应的修改，这是两者的另外一个不同点。

　　数据清理的主要目的是检测和消除错误数据和不一致数据,以此提高数据质量;而基本 ETL 过程则是要抽取合适的数据进行转换,进而满足数据仓库的需要,这两者在功能上有重叠的部分(即消除不必要的数据)。因此,用 SQL 语句描述时,两者在某些情况下较难区分。

1.3.7　ETL 现状与发展

　　商业智能(BI)是未来发展的一大方向,它所依靠的信息系统是由一个传统系统、不兼容数据源、数据库与应用共同构成的复杂数据集合,各个部分之间不能彼此交流。目前各大企业花费很多人力、财力构建的系统,往往会出现一些因数据来源、格式不统一而导致系统实施、数据整合难题。企业渴求一种方案来使自己摆脱困境,解决数据一致性和集成化问题,这个高效的解决方案就是 ETL。可以这样说,ETL 贯穿了整个 BI 的全过程,完成整个系统的数据处理与调度。

　　虽说 ETL 在 BI 中得到了很大地应用,但仍然存在一些问题,这也是下一代 ETL 要着手处理的挑战,下一代 ETL 将是传统 ETL、打包应用集成和实时处理的整合,即下一代 ETL ＝ ETL ＋ 打包应用集成 ＋ 实时处理。

　　在打包应用集成上,下一代 ETL 工具在应用层上将使用打包接口工具,从打包的企业应用系统中获取数据和商业逻辑;在对所有有用的商业数据的获取中,需要应用应用程序的交互来确保;不仅提供了直接使用的传输工具和接口,还可以做许多项数据集成的工作,大大方便了企业的实施和提高了企业的办公效率。

　　在实时处理上,下一代 ETL 工具可以进行实时数据传输,具有如下功能:实时消息处理服务、实时数据流、多层次的复杂数据转换、双向实时接口、支持 SOAP-WSDL 和 UDDI 等的 Web 服务。

　　但在 ETL 的研究和应用中还需要注意以下问题。

　　(1) 理论研究与实际相结合,切合实际,切勿空谈理论。从当前来看,ETL 的理论研究与实际工程明显存在脱沟,为了更好地满足实际需求,大数据专家与企业应加强合作,开发出面向行业的更加实用的 ETL 工具。

　　(2) 规范 ETL 整个框架,增强可扩展性。目前存在两大主流框架:ET-L 和 EL-T,但还并存着其他框架。若 ETL 没有统一规范的框架,就必然会影响 ETL 过程的各个环节,故规范 ETL 框架是当务之急。

　　(3) 加强 ETL 在数据清洗的研究。数据清洗是为了提高数据质量,使之更好地适用于企业发展的需要,这对数据仓库的建设乃至后续准确地决策性分析有至关重要的作用,而当前 ETL 数据清洗还没有形成比较完善的清洗流程。因此,应当多领域强强联盟,研发出更加高效实用的数据清洗方案。

　　(4) 加强 ETL 自动化的研究。目前设计的数据已达到大数据级别,而当我们面对海量数据时,应该如何自动化地完成整个 ETL 工作,减少人工干预,实现良好的数据处理效果?

1.4　数 据 抽 取

1.4.1　数据抽取的概念

数据抽取,顾名思义,就是从外部不同的数据源中抽取数据,这里的数据源可以是异构数据源,也可以是基于一些网页、接口数据的抽取。但在抽取过程中,并不是所有的抽取数据源表都有实际的意义,此步骤是所有工作的前提。在这里,需要各个部门相互合作,业务人员和设计人员共同讨论哪些数据是有价值的,哪些数据是可以忽略不计的,然后指定出最佳的数据抽取策略。

数据抽取可以采用推(Push)和拉(Pull)两种方式。其中 Pull 是由 ETL 程序之间访问数据源来获取数据的方式,应用这种方式,ETL 工作比较独立,但是必须自己进行数据抽取工作。Push 则是指源系统(需要抽取的数据系统)按照双方约定的数据格式,主动把符合要求的数据抽取出来,进而形成接口数据表或者数据视图供 ETL 系统使用,采用这种方式会对源系统或者其他开发系统产生很大的依赖性,且对其性能的要求很高。因此,需要针对实际的项目要求选取合适的抽取方式。

1.4.2　分类抽取

数据抽取就是利用各种抽取技术把不同数据源中的数据抽取到数据库中,按数据抽取的形式可以将其分为全量抽取和增量抽取。

1. 全量抽取

ETL 在进行抽取初始化时,往往第一次抽取都是全量抽取,在同一企业中,一般都是由业务人员来选择抽取的策略,选定抽取的字段和相应的规则后,设计人员再根据业务人员的要求来设计程序,整个过程相当于数据的复制和迁徙,抽取工具将数据源端选择的字段数据全部抽取出来,并放入临时的存储区,接下来才是 T 和 L 过程,从而完成整个 ETL 过程。如果不需要进行 T 过程,则直接将临时存储区中数据加载到目标数据仓库中即可。全量抽取是 ETL 过程中最简单的步骤。

2. 增量抽取

全量抽取往往是在第一次数据抽取时采用,在全量抽取完成之后,后面的抽取过程就没有必要再次进行全量抽取,只需要在上次抽取的数据源表中新增和删改数据即可,这个过程的数据抽取称为增量抽取。进行增量抽取,需要准确了解数据源表中数据的变化。捕获其变化的方法有如下几种。

(1) 触发器方式。

触发器方式是采用最多的一种增量抽取机制。该方式首先在被抽取的数据源表上建立修改、插入、删除的 3 个触发器,若源表数据发生变化,该变化的数据就会被相应的触发器写入一个增量日志表,其抽取是从增量日志表中抽取数据,而不是从源表数据中抽取数据,同时从生成的增量日志表中抽取的数据要及时删除,或者标记,以方便跟进后续工作。

（2）时间戳方式。

该方式是指在进行增量抽取时,主要由时间戳字段的值来决定抽取的数据,具体表现为通过指定抽取时间与所抽取源表的时间戳字段的值进行对比,进而决定需要抽取哪些数据。该方式需要在数据源表上增加一个时间戳字段,该时间戳由系统时间决定,若系统修改或更新数据,则要同时修改该时间戳字段的值。

（3）全表比对方式。

该方式是指在进行数据增量抽取时,ETL 进程需要逐条对比源表和目标表的记录,进而过滤读取出新增和修改的记录。

以上几种常见的捕获数据变化的方式,在使用过程中,应该针对实际情形选择合适的方式,通常需要考虑业务的需求和企业硬件环境的要求。

1.4.3　数据抽取的原则和方法

一般情况下,源数据量都非常庞大,抽取时间、抽取方式必然会有所不同,但抽取中一般要遵循以下几大原则。

（1）抽取时严格控制频率,不能太快也不能太慢,可以保持每天抽取一次,而不是每分钟抽取一次,而且对数据源系统的修改必须尽可能得少。

（2）在抽取过程中,要足够仔细,切勿因小失大,不要擅自修改数据源系统。

（3）在完成抽取过程之后,尽量不要将源数据存放于临时数据库或文件中,避免中转时出现遗漏,要尽可能快地将其存入数据仓库中。

（4）ETL 过程应该具有可恢复性。

1.5　数据转换

1.5.1　数据转换的概念

数据转换按其字义可以理解为,处理经过第一步抽取数据中存在的不一致、缺失、错误等的过程。按其定义来讲,数据转换是对数据的转换（其中包括数据合并、汇总、过滤、转换等）、数据的重新格式化和计算、关键数据的重新构建和数据汇总、数据定位的过程。

从一般意义上来讲,数据转换包括两类:一类是数据格式和名称统一,换句话说就是数据格式、数据粒度转换、计量单位、商务规则计算以及统一的命名等;另一类,针对数据仓库中存在源数据库而不存在数据,可采用字段的组合、分割或计算等方法。

从原则上讲,数据转换只处理一些重复性比较大的数据聚合,其中包括汇总、均值、最值等,并不应用于复杂计算,以减少成本和系统负载。对于一些复杂但又不规律的计算,可以由源系统段将数据计算好。

1.5.2　类型转换

在应用 ETL 工具对数据执行整个 ETL 过程时,常常会发现这些数据是以文本文件形式存储、数据库系统存储或者以其他的格式存储,但究其本身,都是以"数据"为名。这些相同类型的数据看起来总是一样的,如日期、时间、字符串、数据、字符等。

我们遇到的数据类型包括数字、日期和时间、字符串、其他数据类型等。一般数据类型包括小数和整数,这是最简单的数据类型;日期和时间数据通常都是应用电子表格或者 DBMS 的方式导入的;字符串代表了一连串的字符数据,其中包括常见的字母、数字、空格和标点符号,还有很多自然符号和特殊符号,种类繁多,字符串类型的数据可谓是当之无愧的大数据主角;其他数据类型包括集合、枚举、布尔和 Blob 类型,Blob 类型的数据也就是我们常说的图像数据、语言数据等。

面对这些数据,在 ETL 过程中不可避免地要进行数据类型转换。数据类型转换又包括同种类型间不同范围的转换和不同精度间的转换,但是在这些转换中都会面对数据损耗的问题,要想避免此问题,就必须做好以上两种转换。

1.6　数　据　加　载

1.6.1　数据加载的概念

数据加载也就是将经过第二步处理后的数据装入数据仓库的过程。严格意义上讲,它的主要任务是将经过清洗后的干净数据集按照物理数据模型定义的表结构装入目标数据仓库的数据表中,允许人工干预,且提供强大的错误报告、系统日志、数据备份与恢复功能。整个操作过程往往需要跨网络操作平台进行。

数据加载的主要问题是大数据的加载,面临异构数据化集成的与数据抽取极其相似的挑战。针对此类问题,有人提出了使用 UB 树来加载大数据块(Bulk)的算法,对全量过程提出了初始化 UB 树的方法,而对增量过程提出了在 UB 树追加数据的方法,并且考虑了输入/输出和 CPU 的成本,具有极高的实用性。

1.6.2　数据加载方式

针对 ETL 模型的设计和源数据的基本情形,有 4 种数据 ETL 模式,进而也就有 4 种不同的加载方式。

1. 刷新(Refresh)

数据仓库数据表中只加载最新的数据,完全删除原有的旧数据,大多数参数表的加载均是采用这种模式。在这种模式下,数据抽取源数据中的所有记录,在加载之前,需要将原数据表清空,然后再加载所有的数据记录。

2. 镜像增量(Snapshot Append)

源数据中的记录会定期得到更新,但记录时间字段会包括在记录中,数据的历史聚类被保持在新的记录中,通过记录时间,ETL 可以将增量数据从源数据中抽取出来,而且是以附加的方式加载到数据仓库中,数据的历史记录也会保留其中。

3. 镜像比较（Snapshot Compare）

源数据每天都会得到更新，数据仓库具有生效日期字段的数据用来保存数据的历史信息。因此只需要将新更新的镜像数据与原数据的镜像进行对比分析，即寻找出其中的变化数据，更新历史数据。

4. 事件增量（Even Append）

把每一次的记录都看作是一个新的事件，每次记录之间没有必然的关系，且新记录并不会变更原记录，可以通过事件字段将新增数据抽取出来加载到数据仓库中。

1.7　实验任务——处理论文的年份

本实验要求从 Web of Science 和万方数据库平台分别下载 20 篇论文，对它们的出版年份进行 ETL 处理，最终得到一个统一且方便存储的格式。下面开始进行操作。

1. 软件下载与安装

首先需要下载 MySQL 及其 Navicat Premium，并安装。

（1）下载 MySQL。

在 MySQL 官网下载，如图 1-4 所示。

图 1-4　下载 MySQL

这里选择 Navicat Premium 的版本为 11.1.13，再根据计算机的性能选择相应的产品进行下载，下载完成进行安装即可，如图 1-5 所示。

（2）启动 MySQL 服务。

将 MySQL 和 Navicat Premium 均下载并安装完成后，即可启动 MySQL 服务，启动命令为 services.msc，启动方式如图 1-6 所示。

图 1-5　下载 Navicat Premium

图 1-6　输入启动命令

输入命令 services.msc 后，单击"确定"按钮，弹出如图 1-7 所示的界面。

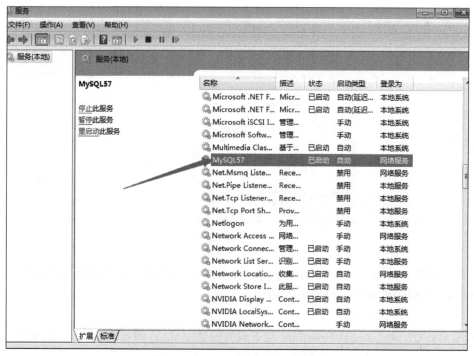

图 1-7　打开 MySQL 本地服务器

单击图 1-7 中的 MySQL，启动服务，数据库即可连接安装成功。可打开 Navicat Premium，建立 MySQL 连接，如图 1-8 所示。

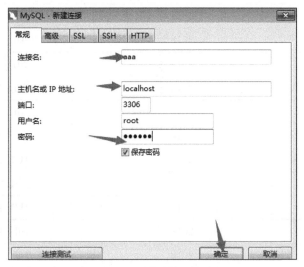

图 1-8　新建连接

2. 案例分析

（1）数据抽取。

这里选择的数据为一些论文，可从 Web of Science 和万方数据库中下载数据，一般这两种数据库，高校均会选择购买，数据提取的步骤如下。

① 在这两个数据库的检索框输入"big data"进行检索，这里只需要从各数据库中提取最近的 20 篇论文即可。

② Web of Science 和万方数据库下载的论文格式分别为.txt 和.net。

③ 需要将下载的 40 篇论文放入同一汉字数字 Excel 表格中，提取出各篇论文发表的年份（Web of Science 和万方数据库中年份的编号分别是 DA 和 year），如表 1-1 所示。

表 1-1　年份提取表

论　　文	Web of Science	万方数据库
1	2012	2018
2	2011	2018
3	2018	2018
4	2011	2018
5	2018	2018
6	2012	Nov-2018
7	2018	2018-Aug-15

续表

论　　文	Web of Science	万方数据库
8	2018	Aug-2018
9	2018	Aug-2018
10	2018	2018-Aug
11	2018	Aug-2018
12	2018	Aug-2018
13	2018	30-Jul-2018
14	2018	JUL 26 2018
15	2017	JUL 20 2018
16	2018	JUL 15 2018
17	2018	Jul-2018
18	2018	Jul-2018
19	2018	JUL 1 2018
20	2018	Jul-2018

（2）数据转换。

我们发现在表1-1中，Web of Science的年份没有问题，而从万方数据库中下载的数据明显存在很大的问题，这些问题可能是在论文收录时出现的，也可能是因为作者书写的格式不一致导致。因此，需要对这些数据进行清洗，有3种方式进行处理。

① 直接扔掉受影响的数据：放弃这些不在预定范围内的数据。

② 不用处理：忽略这些错误的数据，但是不处理，必然会导致这些数据没有丝毫意义，也不会为决策提供有用的价值。

③ 修改数据：根据错误的信息推算出正确的日期。

这里采用修改的形式，将万方数据库中的数据统一修改为Web of Science中的格式（即仅保留论文发表年份）。

经过数据转换之后，可保存这些数据，其格式为Excel，可进一步进行以下的数据加载。

（3）数据加载。

经过第（2）步的数据处理，这些数据得到了修正，然后要将这些数据存储于数据库中，方便以后调用。

① 利用Navicat Premium新建一个表格（这里运用查询方式），其SQL语句如下。

```
CREATE TABLE 'sava' (
        'id' int(11) NOT NULL,
        'wos' varchar(50) DEFAULT NULL,
        'wanfang' varchar(50) DEFAULT NULL
) ENGINE=InnoDB DEFAULT CHARSET=utf8;
```

② 将处理后的数据导入新建的表格即可(这里利用导入向导进行)。

③ 导入数据库中的合格数据如图 1-9 所示。

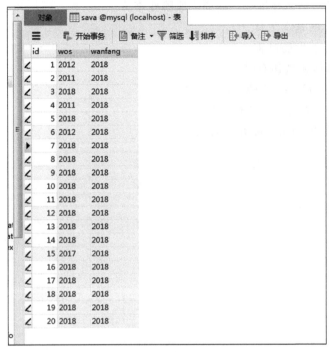

图 1-9　数据加载完成

将这些数据存入 MySQL 数据库中,方便下次取用,这里只是介绍了一个简单的 ETL 案例,读者们可以选择其他数据库论文进行操作。

1.8　小　　结

本章主要是在大数据方面进行布局,由浅入深,引入 ETL 思维。首先在第 1.1 节介绍大数据的相关知识,经过第 1.2 节的引申,直至第 1.3 节中切入主题——ETL,对此做了一个简单的介绍,包括整个流程、各个名词概念、发展现状等等。

这里,足以见得 ETL 在大数据时代下的重要性,以及在 ETL 发展过程还有很大的提升空间,留待人们继续续写 ETL 的辉煌。

接下来的几章具体介绍 ETL 的 3 个过程,数据抽取(E 过程)将于第 2 章详细介绍,数据转换(T 过程)将于第 3 章详细介绍,数据加载(L 过程)将于第 4 章详细介绍。

1.9　习　　题

思考题:

1. 在大数据时代下,大数据扮演何种角色?

2. 大数据的 5 个基本特征是什么？

3. 简述 ETL 的整个流程和工作原理。

4. ETL 技术面临何种挑战？需要克服哪些难关？

5. 简述 ETL 的基本工具。

6. 简述 ETL 的发展过程。

7. ETL 在其他领域还有哪些应用？

8. 数据加载方式有哪几种？各有什么特点？

9. 增量抽取和全量抽取各有哪些特点？

10. ETL 的发展经历了哪几个阶段？

数据抽取

学习计划：

- 了解数据抽取的基本概念
- 掌握数据抽取的几种方式和各种方式的比较
- 了解 Hadoop 的抽取机制
- 掌握利用 MySQL 进行数据抽取的方法
- 了解 Web 文本的抽取
- 理解本章案例

在前面章节中，介绍了 ETL 的整个架构和过程。本章及其之后的章节将分别介绍 ETL 的三大过程，本章主要介绍数据抽取过程，包括数据抽取机制和 Hadoop、Web 下的抽取，最后结合 MySQL 进行案例分析。

我们把从数据源抽取一些数据的过程称为数据抽取。而数据抽取因为数据源的不同，可以被分为 3 类，其中包括从关系数据库抽取数据、从非关系数据库抽取数据和从通用程序库抽取数据。数据抽取的任务主要有确认数据的来源和可能涉及的数据抽取技术。

2.1　数　据　源

数据抽取的数据源大致可以分为 3 种：关系数据库、非关系数据库和通用程序库。

2.1.1　关系数据库

数据抽取的一个重要数据源就是关系数据库，关系数据库是定义原本数据中表的列范围和约束的正式描述。每个表格（有时被称为一个关系）包含用列表示的一个或多个数据种类，每行包含一个唯一的数据实体，这些数据是被列定义的种类。当创建一个关系数据库时，能定义列的值的范围和应用于哪个数据值的约束，关系数据库结构如图 2-1 所示。

1. 关系模型结构

（1）单一的数据结构—关系。

关系数据库的表采用一张二维表来存储数据。一个数据库可以包含任意多个数

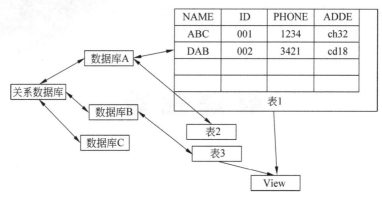

图 2-1　关系数据库结构

据表。

（2）元组。

元组表中的一行即为一个元组，或称为一条记录。

（3）属性。

数据表中的每一列称为一个字段，表是由其包含的各种字段定义的，每个字段描述了它所含有的数据的含义。创建数据表时，为每个字段分配一个数据类型，定义它们的数据长度和其他所需属性。

（4）属性值。

行和列的交叉位置表示某个属性值，如"数据库原理"就是课程名称的属性值。

（5）主码。

主码（也称主键或主关键字），是表中用于唯一确定一个元组的数据。关键字用来确保表中记录的唯一性，通常设"id"为一张表的主码，唯一地标识一个记录。

（6）域。

域是属性的取值范围。

（7）关系模式。

关系模式是对关系的描述，一般表示为：关系名(属性1，属性2，……属性n)。例如，上面的关系可描述为：课程(学院名称，专业名称，班级名称，学号)。

2. 关系数据库的优点

我们接触最多的莫过于关系数据库，它具有以下优点。

（1）易于理解。

二维表结构是比较接近实际的一个概念，关系模型相对于其他模型来说更易于理解。

（2）便捷使用。

利用较为普及的 SQL 来操作关系数据库让人们更容易接受。

（3）维护简单。

完整性的功能结构从很大程度上降低了数据冗余。

3. 关系数据库的瓶颈

虽说关系数据库具有其他数据库不具有的优点,但是在使用过程中仍然有一些缺点,包括大量数据的快速读写和延伸性等,这些瓶颈亟待解决。

(1) 高并发读写需求。

有些网站的用户数量十分庞大,往往达到每秒上千次访问请求,对于传统关系数据库来说,如何应付如此之大的用户访问量是亟需解决的问题。

(2) 海量数据的高效率读写。

网站每天产生的数据是海量的,对于关系数据库来说,仅仅在一张表中查询,效率是非常低的。

(3) 高扩展性和可用性。

在 Web 的结构中,数据库进行横向扩展是十分困难的,当一个网站的用户数量和访问量急剧增加时,数据库却没有办法像 Web Server 那样简单地通过添加更多的硬件和节点来增强其性能和负载能力。

2.1.2 非关系数据库

数据源除了关系数据库外,还可能是文件,如 TXT 文件、Excel 文件、XML 文件等。对文件数据的抽取一般是全量抽取,一次抽取前可保存文件的时间戳或文件的 MD5 校验码。

1. 非关系数据库的分类

(1) 键值存储数据库。

该数据库主要使用到一个 Hash 表,这个表中有一个特定的键和指针指向特定的数据。这样数据库模型对于 IT 系统来说的优势在于简单、易部署。但是如果只对部分值进行查询或更新时,它的效率就低了。

(2) 列存储数据库。

该数据库通常是用来应对分布式存储的海量数据。键仍然存在,但是它们的特点是指向了多个列,这些列是由列族来安排的。

(3) 文档数据库。

该数据库模型是半结构化的文档以特定的格式存储,比如 JSON。文档数据库可以看作是键值数据库的进阶版,允许之间嵌套键值。

(4) 图形数据库。

该数据库同其他行列的 SQL 数据库不同,它是利用更加多变的图形模型,并且能够扩展到多个服务器上。

总之,非关系数据库适用于以下几种情况。

① 数据模型比较简单。

② 需要灵活性更强的 IT 系统。

③ 对数据库性能要求较高。

④ 不需要高度的数据一致性。

⑤ 对于给定主键,比较容易映射复杂值的环境。

2. 关系数据库与非关系数据库比较

关系数据库的最大特点就是 Event(事务)的一致性,传统关系数据库的读写操作具有原子性(Atomicity)、一致性(Consistency)、隔离性(Isolation)、持久性(Durability)的特点,这个特性使得关系数据库可以用于几乎所有对一致性有要求的系统中。但是在网页应用中,一致性却不是那么重要,用户 A 看到和用户 B 看到同一用户 C 的内容更新不一致是可以容忍的,因此,关系数据库的最大特点不是那么重要了。

相反地,关系数据库的缺点就是其读写性能比较差,而像微博和 Twitter 这类社交网站的应用,对并发读写能力要求极高,传统上为了克服关系数据库的缺陷,提高性能,都是增加一级分布式的高速缓存系统来静态化网页,而以上应用中,变化太快,传统的分布式高速缓存系统已经无法支撑了,因此,必须用一种新的数据结构存储。

关系数据库的另一个特点就是其具有固定结构的表,因此,其扩展性极差,而在一些社交应用中,系统的升级、功能的增加,往往意味着数据结构的巨大变动,这一点关系数据库也难以应付,需要新的结构化数据存储。于是,非关系数据库出现了,由于不可能用一种数据结构化存储应付所有新的需求,因此,非关系数据库严格上不是一种数据库。

2.1.3　通用程序库

通用程序库是 HYFsoft 公司开发的纯文本通用程序库,它可以从各种各样的文档格式的数据或从插入的 OLE 对象中完全除掉特殊控制信息,快速抽出纯文本数据信息,便于用户对多种文档数据资源信息进行统一管理、编辑、检索和浏览,提供了多种形式的API 功能接口。用户可以十分便利地将本产品组装到自己的应用程序中,进行二次开发。通过调用通用程序库提供的 API 功能接口,实现从多种文档格式的数据中快速抽出纯文本数据。

(1) 文件自动识别功能。

通过分析文件内部信息,自动识别生成文件的程序名及其版本号,正确识别相应的版本信息。

(2) 文本抽出功能。

即使系统中没有安装文件的应用程序,也可以从指定的文件或插入文件中的 OLE中抽出文本数据。

(3) 文件属性抽出功能。

从指定的文件中,抽出文件属性信息。

(4) 页抽出功能。

从文件中,抽出指定页中的文本数据。

(5) 对加密的 PDF 文件文本抽出功能。

从设有打开文档口令密码的 PDF 文件中抽出文本数据。

（6）流（Stream）抽出功能。

从指定的文件，或是嵌入文件中的 OLE 对象中向流中抽取文本数据。

（7）支持的语言种类。

支持英文、中文、日文、韩文等多种语言。

（8）支持的字符集合的种类。

抽出文本时，可以指定某些字符集合作为文本文件的字符集，也可指定任意特殊字符集，但需要另行定制开发。

2.2 数据抽取方式

2.2.1 全量抽取

全量抽取的过程类似于数据复制，它将数据源中的表从数据库中抽取出来，并转换成自己的 ETL 工具可以识别的格式。

2.2.2 增量抽取

增量抽取只抽取之前抽取以来数据库中要抽取的表中修改的数据。在使用 ETL 工具时，增量抽取较全量抽取应用更广。如何捕获变化的数据是增量抽取的关键。对捕获方法一般有如下要求：准确性，能将系统中的变化数据按一定的频率准确地捕获到；性能，不能对业务系统造成太大的压力，影响现有业务。目前增量数据抽取中常用的捕获变化数据的方法有以下几种。

1. 触发器方式（又称快照式）

在要抽取的表上一般要建立插入、修改、删除 3 个触发器，一旦源表中的数据产生变化，变化的数据就被相应的触发器写入一个临时表，抽取线程从临时表中抽取数据，临时表中抽取过的数据被标记或删除。优点：性能高，加载规则简单，速度快，不需要修改系统表结构，可以实现数据的递增加载。缺点：要求业务表建立触发器，对业务系统有一定的影响，容易对源数据库构成威胁。

2. 时间戳方式

在源表上增加一个时间戳字段，系统中更新修改表数据时，同时修改时间戳字段的值。进行数据抽取时，通过比较之前抽取时间与时间戳字段的值决定抽取哪些数据。有的数据库的时间戳支持自动更新，即表的其他字段的数据发生改变时，自动更新时间戳字段的值。有的数据库不支持时间戳自动更新，这就要求系统在更新数据时，手动更新时间戳字段。

加入另外的时间戳字段，特别是对不支持时间戳的自动更新的数据库，还要求系统进行额外的更新时间戳操作；另外，无法捕获对时间戳以前数据的 Delete 和 Update 操作，数据准确性受到了一定的限制。

3. 全表删除插入方式

每次 ETL 操作均删除目标表数据,由 ETL 全新加载数据。

4. 全表对比方式

全表对比事先为要抽取的表建立一个结构类似的临时表,该临时表记录源表主键以及根据所有字段的数据计算出来,每次进行数据抽取时,对源表和临时表进行比对,如有不同,则进行 Update 操作,如果目标表没有该主键值,则表示该记录还没有,即进行 Insert 操作。

5. 日志表方式

在系统中添加日志表,当数据产生变化时,更新日志表内容,通过读日志表数据决定加载哪些数据及如何加载。日志表方式的优点是不需要修改系统表结构、源数据抽取清楚、速度较快等,可以实现数据的递增加载。缺点是日志表维护需要由业务系统完成,需要对业务系统业务操作程序进行修改,记录日志信息等。日志表维护较为麻烦,对原有系统影响较大。

6. Oracle 变化数据捕捉(CDC 方式)

通过分析数据库自身的日志来判断变化的数据。Oracle 的改变数据捕获(Changed Data Capture,CDC)技术是这方面的代表。CDC 能够帮助识别从上次抽取之前发生变化的数据。利用 CDC,在对源表进行增删改等操作,并且变化的数据被保存在数据库的变化表中。

在 CDC 体系结构中,发布者捕捉变化数据并提供给订阅者。订阅者使用从发布者那里获得的变化数据。通常,CDC 系统拥有一个发布者和多个订阅者。发布者首先需要识别捕获变化数据所需的源表,然后,它捕捉变化的数据并将其保存在特别创建的变化表中。

2.2.3 增量抽取的比较分析

ETL 在进行增量抽取操作时,有以上各种机制可以选择。现从兼容性、完备性、性能和侵入性 3 个方面进行比较分析。

先从兼容性来看,数据抽取的数据源,并不一定都是关系数据库系统。这时,所有基于关系数据库产品的增量机制都无法工作,时间戳方式和全表对比方式可能有一定的价值,在最坏的情况下,只有放弃增量抽取的思路,转而采用全量抽取的方式。

再从完备性来看,时间戳方式不能捕获"删除"操作,需要结合其他方式使用。增量抽取性能因素的表现,一是抽取进程本身的性能,二是对源系统性能的负面影响。触发器方式、日志表方式以及系统日志分析方式由于不需要在抽取过程中执行比对步骤,所以增量抽取的性能较佳。全表比对方式需要经过复杂的比对过程才能识别出更改的记录,抽取性能最差。在对源系统的性能影响方面,触发器方式由于是直接在源系统业务表上建立触发器,同时写临时表,对于频繁操作的系统可能会有一定的性能缺失,尤其是当业务表上执行大量操作时,行级触发器将会对性能产生严重的影响;同步 CDC 方式内部采用触发器的方式实现,也同样存在性能影响的问题;全表比对方式和日志表方式对数据源系统数据库的性能没有任何影响,只是它们需要业务系统进行额外的运算和数据库操作,会有一些时间损耗;时间戳方式、系统日志分析方式以及基于系统日志分析方式对数据库性能的影响也是非常小的。

再看侵入性,它是指系统是否要为实现增量抽取机制所做的功能修改,在这一点上,时间戳方式值得特别关注。该方式除了要修改数据源系统表结构外,对于不支持时间戳字段自动更新的关系数据库产品,还必须修改系统的功能,让它在源表执行每次操作时都要更新表的时间戳字段,这在 ETL 过程中必须得到数据源系统的高度配合才能达到,这也是时间戳方式无法推广的主要原因。

另外,触发器方式需要在源表上建立触发器,这在某些场合中也行不通。还有一些需要建立临时表的方式,如全表比对和日志表方式,可能因为开放给 ETL 进程的数据库权限的限制而无法实施。同样的情况也可能发生在系统日志的分析上,因为大多数的数据库产品只允许特定组的用户才能执行日志分析。闪回查询在侵入性方面的影响是最小的。各种数据抽取机制的优、劣分析如表 2-1 所示。

表 2-1　各种数据抽取机制的优劣分析

增量机制	兼 容 性	完备性	抽取性能	对源系统性能的影响	对源系统的侵入性	实现难度
触发方式	关系数据库	高	优	大	一般	较容易
时间戳方式	关系数据库,具有"字段"结构的其他数据格式	低	较优	很小	大	较容易
全表删除插入方式	任何数据格式	高	极差	无	无	容易
全表比对方式	关系数据库、文本格式	高	差	小	一般	一般
日志表方式	关系数据库	高	优	小	较大	较容易
系统日志分析方式	关系数据库	高	优	很小	较大	难
同步 CDC 方式	Oracle 数据库 9I 以上	高	优	大	一般	较难
异步 CDC 方式	Oracle 数据库 9I 以上	高	优	很小	一般	较难
闪回查询方式	Oracle 数据库 9I 以上	高	较优	很小	无	较容易

大部分都是采用时间戳方式进行增量抽取,如银行业务、VT 新开户,使用时间戳方式,可以在固定时间内,组织人员进行数据抽取,整合后,加载到目标系统。而触发器方式,虽然可以自动抽取,但是执行频率过高,影响效率。第三种方式对于大数据量来说是非常不可取的,尤其是对于银行、电信行业,因为数据全量比较大,所以进行增量校对是比较耗时的。

2.3 Hadoop 的数据抽取

2.3.1 Hadoop 简介

Hadoop 是一种分布式系统基础架构。用户可以在不了解分布式底层构造的情况下,开发分布式程序。它充分利用集群的高效性和强大的存储能力,其 Logo 如图 2-2 所示,为一只奔跑的小象。Hadoop 实现了一个分布式文件系统(Hadoop Distributed File System,HDFS)。HDFS 有高容错性的特点,并且设计用来部署在经济的硬件上;而且它提供高吞吐量来访问程序的数据,适合那些有着海量数据集的程序。HDFS 放宽了 POSIX 的要求,可以以流的形式访问系统中的数据。Hadoop 的框架最核心的设计就是 HDFS 和 MapReduce。HDFS 为海量的数据提供了物理存储,MapReduce 为海量的数据提供了计算方法。

图 2-2　Hadoop 的 Logo

2.3.2 Hadoop 研究现状

1. 国外 Hadoop 的研究现状实例

(1) Yahoo。

Yahoo 是 Hadoop 的最大拥护者,其 Logo 如图 2-3 所示。截至 2012 年,Yahoo 的 Hadoop 机器总节点超过 42 000 个,有超过 10 万的核心 CPU 在运行 Hadoop。最大的一个单 Master 节点集群有 4 500 个节点(每个节点具有双路 4 核心 CPUboxesw,4×1TB 磁盘,16GB RAM)。总的集群存储容量大于 350PB,每月提交的作业超过 1 000 万个。Yahoo 的 Hadoop 应用主要包括支持广告系统、用户行为分析、支持 Web 搜索、反垃圾邮件系统等方面。

(2) Facebook。

Facebook 使用 Hadoop 存储内部日志与多维数据,并以此作为报告、分析和机器学习的数据源,其 Logo 如图 2-4 所示。目前 Hadoop 集群的机器节点超过 1 400 台,共计具有 11 200 个核心 CPU,超过 15PB 原始存储容量,每个商用机器节点配置了 8 核 CPU,12TB 数据存储,主要使用 Streaming API 和 Java API 编程接口。Facebook 同时在 Hadoop 基础上建立了一个名为 Hive 的高级数据仓库框架,Hive 已经正式成为基于 Hadoop 的 Apache 一级项目。

(3) Adobe。

Adobe 主要使用 Hadoop 及 HBase,用于支撑社会服务计算,以及结构化的数据存储和处理,其 Logo 如图 2-5 所示。大约有超过 30 个节点的 Hadoop-HBase 生产集群。Adobe 将数据直接持续地存储在 HBase 中,并以 HBase 作为数据源运行 MapReduce 作业处理,然后将其运行结果直接存到 HBase 或外部系统。

图 2-3　Yahoo 的 Logo　　　　图 2-4　Facebook 的 Logo　　　　图 2-5　Adobe 的 Logo

2. 国内 Hadoop 的研究现状实例

Hadoop 在国内的应用主要以互联网公司为主,下面主要介绍大规模使用 Hadoop 或研究 Hadoop 的公司。

(1) 百度。

百度在 2006 年就开始关注 Hadoop 并开始调研和使用,其 Logo 如图 2-6 所示,在 2012 年其总的集群规模达到近 10 个,单集群超过 2 800 台机器节点,Hadoop 机器有上万台,总的存储容量超过 100PB,已经使用的超过 74PB,每天提交的作业有数千个之多,每天的输入数据量已经超过 7 500TB,输出超过 1 700TB。

百度的 Hadoop 集群为整个公司的数据团队、大数据搜索团队、社区产品团队、广告团队,以及 LBS 团体提供统一的计算和存储服务,主要应用包括:数据挖掘与分析、日志分析平台、数据仓库系统、推荐引擎系统、用户行为分析系统等。

百度在 Hadoop 的基础上还开发了自己的日志分析平台、数据仓库系统,以及统一的 C++ 编程接口,并对 Hadoop 进行深度改造,开发了 Hadoop 的 C++ 扩展 HCE 系统。

(2) 阿里巴巴。

阿里巴巴的 Logo 如图 2-7 所示,其 Hadoop 集群截至 2012 年大约有 3 200 台服务器,大约 30 000 个物理 CPU 核心,总内存容量为 100TB,总的存储容量超过 60PB,每天的作业数超过 150 300,每天的 hivequery 查询大约为 6 000 个,每天的扫描数据量约为 7.5PB,每天的扫描文件数约为 4 亿个,存储利用率大约为 80%,CPU 利用率平均为 65%,峰值可以达到 80%。阿里巴巴的 Hadoop 集群拥有 150 个用户组、4 500 个集群用户,为淘宝、天猫、一淘、聚划算、CBU、支付宝提供底层的基础计算和存储服务,主要应用包括:数据平台系统、搜索支撑、广告系统等。

(3) 腾讯。

腾讯的 Logo 如图 2-8 所示,它也是最早使用 Hadoop 的中国互联网公司之一,截至 2012 年底,腾讯的 Hadoop 集群机器超过 5 000 台,最大单集群约为 2 000 个节点,并利用 Hadoop-Hive 构建了自己的数据仓库系统 TDW,还开发了自己的 TDW-IDE 基础开发环境。腾讯的 Hadoop 为腾讯各个产品线提供基础云计算和云存储服务。

图 2-6　百度的 Logo　　　　图 2-7　阿里巴巴的 Logo　　　　图 2-8　腾讯的 Logo

2.3.3　环境搭建

（1）Linux 环境安装。

Hadoop 运行在 Linux 上，虽然借助工具也可以运行在 Windows 上，但还是建议运行在 Linux 系统上，第一部分介绍 Linux 环境的安装、配置、Java JDK 安装等。

（2）Hadoop 本地模式安装。

Hadoop 本地模式只是用于本地开发调试，或者快速安装体验 Hadoop。

（3）Hadoop 伪分布式模式安装。

学习 Hadoop 一般是在伪分布式模式下进行。这种模式是在一台机器的各个进程上运行 Hadoop 的各个模块，伪分布式的意思是虽然各个模块是在各个进程上分开运行的，但是只是运行在一个操作系统上，并不是真正的分布式。

（4）完全分布式模式安装。

完全分布式模式才是生产环境采用的模式，Hadoop 运行在服务器集群上，生产环境一般都会做 HA，以实现高可用。

（5）Hadoop HA 安装。

HA 是指高可用，为了解决 Hadoop 单点故障问题，生产环境一般都进行 HA 部署。

2.3.4　数据采集

本节通过介绍将一个传统数据导入 Hadoop 中，来说明基于 Hadoop 的数据采集工作。

1. 整体方案

Flume 作为日志收集工具，监控一个文件目录或者一个文件，当有新数据加入时，收集新数据发送给 Kafka。Kafka 用来进行数据缓存和消息订阅。Kafka 中的消息可以定时落地到 HDFS 上，也可以用 Spark Streaming 来进行实时处理，然后将处理后的数据落地到 HDFS 上。

2. 数据接入流程

本数据接入流程如下。

（1）安装部署 Flume：在每个数据采集节点上安装数据采集工具 Flume。

（2）数据预处理：生成特定格式的数据，供 Flume 采集。

（3）Flume 采集数据到 Kafka：Flume 采集数据并发送到 Kafka 消息队列。

（4）Kafka 数据落地：将 Kafka 数据落地到 HDFS。

3. 安装部署 Flume

若要采集数据节点的本地数据，则每个节点都需要安装并配置一个 Flume 工具，用来采集数据。

4. 数据预处理

Flume 采集数据都是按行分割的，一行代表一条记录。如果原始数据不符合要求，则需要对数据进行预处理。

2.4　Web 文件的数据抽取

2.4.1　Web 文件简介

Web 文件的信息抽取是一种从 Web 文档中抽取出有用信息的技术，可以利用行业信息模型和领域特征搜索主题，在收集信息时去除不感兴趣的信息，在信息检索时实现更优秀的查询扩展，从而提高搜索结果的精确度，有效解决通用搜索系统给出的检索结果往往过于复杂、用户区别感兴趣信息时间长的问题。主题搜索利用逐渐成熟的文本分类技术，去除用户不关心数据，具有更多的针对性，降低浏览时间，使其满足人们对定制信息的需求。

2.4.2　主要工作

目前数据抽取的主要工作可以分为以下类别。

(1) 基于语言的 Web 数据抽取，通过提供一种专门的模式说明语言，定义抽取模式，此类代表有 WICCAP、Lixto 等。

(2) 基于本体论的数据抽取，通过引入领域类的本体只是以一些启发式规则，辅助抽取过程。

(3) 基于包装器学习的数据抽取，通过有监督的机器学习等方法，生成转换规则，需要人工提供学习的正例和反例。此类代表有 Stalker、WIEN 等。

由于 Web 界面的种类繁多，且信息抽取目的也不尽相同，所以不存在能够适应千变万化的应用环境的一种 Web 抽取系统。

2.4.3　主要工具——Connotate

Connotate 是一家为美联社、路透社、道琼斯等大型公司对全球上千个网站的非结构化数据进行实时分类和分析的公司。

1. 产品功能

Connotate 利用机器学习自动生成的高效代码和辅助配置，其数据抽取的工具称为 Agent。

在 Agent 的指引下，用户能精准地获得需要的信息——Connotate 在过滤广告和无关信息的同时，将非结构化数据转换成为支持业务流程的可读性数据。

Connotate 的解决方案比网页脚本工具要优越得多，由于网站格式不断变化，修整是一项很重要的工程，Connotate 的解决方案具有较强的适用性。

各网站都在不断地更新。优化解决方案,不但是为了精准地检测网页内容的变化,而且是为了更有效率地提高推送信息。过滤垃圾信息和删除重复数据可使工作流取得更大成效。

2. 部署选项

Connotate 能够满足用户的业务需求,并且适应今后的发展和变化,而且,Connotate 能够提供灵活实用的解决方案以满足用户具体的业务需求。

(1) 实地部署 Connotate。

在单击式的控制界面的帮助下,即使不是专业的技术人员,也可以轻松快捷地监控和抽取各大网站的数据。在一到两个课程的学习中,用户可以熟练地创建 Agent。即使不是专业的技术人员,也可以成功访问上千家网站,Connotate 的工作安排表给用户带来了方便。当网站停止运行或其他方式无法返回数据时,Agent 会及时发出警报通知。

Connotate 实地部署的解决方案能够以独特的视觉抽象技术,即使是非专业的开发人员,也可以迅速设置新网站的监控系统,而且进行快速大规模的部署。

Connotate 的方案还支持把 SOAP 与 REST Web Services API 集成到工作流中,也可以快速创建任何兼容开放数据库连接(ODBC)的数据库,包括 SQL、MySQL、Oracle 等。

Connotate 实地部署是用户的理想选择:用户可以建立自己的应用程序,并根据自己的喜好集成到工作流中,创建数据收集功能,方便用户管理整个公司或者某个部门。

(2) Connotate 服务器托管解决方案。

基于数据中心,Connotate 能够为用户提供服务器托管的解决方案,根据用户在日程或者交易基础上的要求,推送数据,用户不用进入计算机系统就可以迅速部署和整合数据。

Connotate 多年的团队专业服务经验,为用户完成大规模的布置任务和方案优化。

对于一些企业或者部门来说,若没有时间从头到尾跟进一个项目,或者把 IT 技术互动到使用计算机资源中,Connotate 服务器托管方案就是用户理想的选择。用户可以通过 Connotate 的解决方案选择恰当的网站和工作,降低平均成本,缩短上市时间。

Connotate 的解决方案为可以将非结构化数据转换为结构化数据并推送给用户,而且可以导入分析应用程序中,大大简化了工作,使用户能够更好更快地做出战略决策。

不受网站格式变化影响,可视化抽取只需要用着重色标记就可以改变监测。表 2-2 总结了传统编程方案与 Connotate 混合型解决方案的区别。

表 2-2　传统编程方案与 Connotate 混合型解决方案对比

Web 数据特点	传统编程方案	Connotate 混合型解决方案
格式	Web 页面可以说是一个数据库;根据静态规则从 HTML 中抽取数据,更具有弹性	模式中的可视线索和统计分布是识别网页内容的
干扰	在编程上使用的 HTML 标签有分隔符、模板等,用来识别目标数据、创建搜索规则、对数据进行清洗和转换为可使用的格式(CSV、XLS 等)	非技术人员也可以使用,只要在样本网页上着重关键字眼,并使用复选明确检测抽取的数据即可

Web 数据 特点	传统编程方案	Connotate 混合型解决方案
变化	只要网站的格式和模板发生了变化,程序员就必须编写脚本程序和执行重复功能程序;这种低端的工具在没有复选框的情况下不能监控网站变化	可视化抽取在网站格式变化上有一定的弹性。只需要用着重色标记就可以改变检测,这也是 Connotate 的一大亮点
种类	程序员必须为每种格式或者每个网站编写新的脚本程序和执行重复功能程序	单一的智能 Agent(在多个相似的网站中通过机器学习)可以在多个网站中抽取数据,并支持全篇内容的抽取
信息推送	网站错误时,脚本程序和其他相关程序也会出现错误,而且可能不会给用户事先发出提醒信息	自动检测网站错误,并发送相关公告和提醒
效果	传统数据抽取方式(人工或爬虫软件)	Web 数据自动抽取神器:Connotate
检测范围	100 个网站	>500 000 个网站
有效间隔	1 天	6 mins
信息有效率	35%	90%
辅助研判	人工研判	用机器学习后的 Agent 自动进行
工作时间	2~8h	7×24h
工作方式	网站访问→人工筛选→报告	机器学习→研判结果→报告

2.4.4　应用分析——基于页面标签的 Web 结构化数据抽取

1. 基于标签的 Web 数据抽取概述

基于标签设计的 Web 数据抽取系统主要由以下 4 个部分组成。

① SimHTree 树生成模块,该模块主要负责清理简化 HTML 源文件,方便后续抽取过程。

② 确定候选区域,利用 SimHTree 树生成的模块得到的信息,筛选确认含有待抽取信息的数据区域。

③ 数据项确认,在候选区域的基础上,通过比较不同区域之间的差别,进行匹配调整操作,最终获得待生成的数据库的表模式信息,即数据项的确定。

④ 信息提取,根据数据库表模式信息,以及调整过的数据区域信息,完成 Web 数据的抽取,写入数据库中。

2. 基于元素位置的 HTML 树的构造

在 HTML 文档中,每个元素都有一个开始标签和结束标签。由于 Web 浏览器的容错性,对于某些错误标记的 HTML 文件(如缺少匹配的结束标签等),仍然能够正常显示在界面上,而这将影响正确区分 HTML 节点的层次性,从而影响后续的数据抽取,同时,

HTML文档中,有相当一部分的内容,对于信息的提取没有意义,如一些脚本语言、标签属性,以及部分类型的标签等。因此,在构造简化的HTML树之前,必须对其进行清理简化。有如下规则。

① 标签属性是可以删除的。

② 注释、脚本语言、命名空间等内容是可以删除的。

③ 标签是可删除的,当且仅当其内容为空时。

④ select、input等标签以及相关标记是可删除的,如与select相关的option等。

⑤ 类型为hidden的标签是可以删除的。

在上述规则的基础上,给出可删除集合del的定义如下。

定义1 可删除元素集合 del ＝ {x | x satisfies rules defined above}

下面给出SimHTree构造算法。

```
Procedure BuildSimHTree(prePtr,HTMLfile)
{
    for each element curElem in HTMLfile do
    {
      if(curElem in del) then
      {
         delete curElem;
         while(outerElem's content is null) do
            delelte outerElem               //递归删除外层空标记
            break;
      }
      getRect(curElem);                      //获取标签所占矩形面积的位置
      if(curElem is contained in it's parent's rectangle) then
      {
         insert into tree as next child with the same parent;
      }
      else
      {
         prePtr=prePtr.parent;
      }
      prePtr=curElem;
    }
}
```

算法顺序读入HTML文件内容,对于删除标签,则删除,并依次检查其外层标签,循环这一过程;否则根据占据的大小位置等信息,依次向SimHTree中增加节点。

考虑到实际数据往往在界面上呈现一定的分布,可以将位置作为参数,用于删除不必要的标签,达到优化的目的(例如,对于左边为导航条、下部为版权信息等信息的Web页和位于这些区域的标签也可以直接删除)。

（1）候选数据区域挖掘。

在构造 SimHTree 树的同时，已经获得了每个标签的位置和大小，这给挖掘候选数据区域提供了依据。

定义 2　候选数据区域 CandidateRegion 由若干个 SimHTree 中的节点构成，这些节点构成一条数据记录，并具有以下性质。

① 这些节点具有相同的父节点或者是同一代的兄弟节点。

② 这些节点在 SimHTree 中是相邻的。

从直观上来看，每个候选数据区域都可以理解成一条有待提取的数据记录，其位置上的相邻，体现了一条记录间不同数据项之间的相关度。同时某些数据项的可选性出现，使得某个相对较大的候选区域出现的次数不少于其子区域，于是就有如下性质。

相似候选数据区域的出现频度不小于各自区域内部子区域的出现频度。

根据这一性质，可以利用聚类的方法，对这些候选数据区域进行分组，依据出现的频度信息，得到有效的数据区域集合。

（2）数据记录的模式生成。

可以认为每个类的内部是一组记录。由于允许某些数据项的选择性出现，因此需要先生成符合类间绝对多数数据记录的记录模式 Record Model，许多文献中也将这个步骤称为树匹配。由于我们讨论的网页是通过模板加后台数据库的方式生成的，因此不同记录之间的区别，以不同数据项的值不同为主，同时允许有少量的数据项数目的差别。这些特征反映在这些记录对应的子树上，就是这些子树的叶子节点不同，或者个别标签节点缺失。因此，需要采取自顶向上、宽度优先的方式，匹配子树。由于已经根据标签的大小对网页进行了分类，因此大大减少了需要比较的次数，从而降低了算法所需的时间。

模式生成算法可以描述成 2 个步骤：一是对子树进行层次编码，二是进行不同编码之间的匹配调整。

编码方式为，对于非叶子节点，采取标签名称＋子个数的方式，对于叶子节点，填入指向数据值的指针，并采取辅助表，存储值及其指针。对于同一层次的编码，按照相对于父节点的顺序进行，因为子树是有序的。对于缺失的部分，填充特殊字符"♯"。层次间的分隔符为"/"。

匹配调整算法思想为，设计 2 个集合 Matched 和 Rematched，并初始化为空。如果进行匹配的两个根节点不同，则查阅类中其他子树的根，删除根节点不同的子树。如果某个非叶子节点不匹配，则考虑下面 3 种情况。

① 需要增加的节点落在匹配的节点之间（已匹配的节点之间没有其他节点）。

② 需要增加的节点落在已匹配节点之外（依附于模式串的前端或者尾部）。

③ 需要增加加点和匹配的节点之间的子串交错。

对于情形①和情形②，可以更新模式串，得到新的模式串；对于情形③，则将待匹配子串放入 Rematched 集合，等待下轮的继续匹配。事实上，情形①和情形②可以合并，只需判定待插入串与模式串的相对位置而定。

下面给出匹配调整算法。

```
//算法输入2个串,其中Strm为模式串,Strn为当前待匹配的串
  Procedure StrMatch(Strm,Strn)
  {
      //令ptr1,ptr2分别指向Strm,Strn
      if(*ptr1!=*ptr2) then
      {
          if match for the first time then
          reselect Strm;
          else delete Strn from CandidateRegion;
      }
      else
      {
          ptr++;
          ptr2++;
          mptr1=ptr1;
          while(mptr1!=null or ptr2!=null)
          {
            if(*ptr1=*ptr2) then
            {
            addmap(ptr1,ptr2);
            ptr1++;
            ptr2++;
            mptr1=ptr1;
            }
                else if(ptr1!=null)
                {
                ptr1++;
                }
                    else{addiff(ptr1,ptr2);
                    ptr1=mptr1;
                    ptr2++;
                    }
            }
            switch check()
            {
             case1:
             {
             update Strm; update Strm;update matched;matched+=Strn;
             candidateRegion-=Strn;break;
             }
             case2:
             {
               update Strm; update Strm;update matched;matched+=Strn;
```

```
                candidateRegion-=Strn;break;
            }
        case3:
            {
            candidateRegion-=Strm;rematched+=Strm;
            }
        }
    }
}
```
//算法的输入为 2 集合，map 为模式串 Strm 和 Strn 之间的映射关系集合，diff 为不同字符之间的映射关系集合
```
Procedure check(map,diff)
    {
        validate the position of mismatched letter according to pairs in map
and diff;
        Return 1,2,3 respectively in accordance with the three cases discussed
above;
    }
```

在匹配的过程中，对相应的串信息进行更新。匹配调整过程结束后，根据模式串就可以得到关系数据库中的表模式，从而再根据模式，填充具体的数据实例，完成半结构化数据到结构化数据的抽取。

2.5　数据库的数据抽取

2.5.1　数据库简介

1. 数据库

数据库（Database）可以看作是数据的仓库，数据库有很多种类型，从最简单的存储有各种数据的表格到能够进行海量数据存储的大型数据库系统，都在各个方面得到了广泛应用。

数据库技术是管理信息系统、办公自动化系统、决策支持系统等各类信息系统的核心部分，是进行科学研究和决策管理的重要技术手段。

2. 数据库的基本结构

数据库的结构可以分为 3 个层面，由以内模式为框架组成的数据库叫物理数据库；由以概念模式为框架组成的数据库叫概念数据库；由以外模式为框架组成的数据库叫用户数据库。

（1）物理数据层。

物理数据层是数据库的内层结构，是设备上存储数据的集合的物理层。物理数据层

的这些数据,可以被用户加工。

(2)概念数据层。

概念数据层是数据库的中间层,表示每个数据的逻辑定义及数据间的逻辑关系。它涉及的是数据库所有对象的逻辑关系,而不是它们的物理情况,是数据库管理员概念下的数据库。

(3)用户数据层。

用户数据层是用户操作数据库的层面,是一些用户使用的数据集合。通过映射转换数据库不同层面之间的联系。

3. 数据库的主要特点

(1)实现数据共享。

数据共享包含所有用户可同时存取数据库中的数据,以及用户可以用各种方式通过接口使用数据库,并提供数据共享。

(2)减少数据的冗余度。

同文件系统相比,由于数据库实现了数据共享,从而避免了用户各自建立应用文件,减少了大量重复数据,减少了数据冗余,维护了数据的一致性。。

(3)数据的独立性。

数据的独立性包括逻辑独立性(数据库中数据的逻辑结构和应用程序相互独立)和物理独立性(数据物理结构的变化不影响数据的逻辑结构)。

(4)数据实现集中控制。

在文件管理方式中,数据处于分散的状态,利用数据库可对数据进行增、删、查、改等操作,并通过数据模型表示各种数据的组织以及数据间的联系。

(5)数据一致性和可维护性,以确保数据安全,主要包括以下几点。

① 安全性控制,以防止数据丢失、错误更新和越权使用。

② 完整性控制,保证数据的正确性、有效性和相容性。

③ 并发性控制,使在同一时间周期内,既允许对数据实现多路存取,又能防止用户之间的不正常交互作用。

(6)故障恢复。

由数据库管理系统提供一套方法,可及时发现故障和修复故障,从而防止数据被破坏。数据库系统能够快速排除数据库系统运行时出现的问题。

4. 数据库的分类

数据库通常分为层次式数据库、网络式数据库和关系式数据库 3 种。而不同的数据库是按不同的数据结构来联系和组织的。

(1)数据结构模型。

① 数据结构。所谓数据结构,是指数据的组织形式或数据之间的联系。

如果用 A 表示数据,用 B 表示数据对象之间存在的关系集合,则将 AS=(A,B) 称为数据结构。例如,设有一个电话号码簿,它记录了 n 个人的名字和相应的电话号码。为了方便查找某人的电话号码,将人名和号码按字典顺序排列,并在名字的后面跟对应的电话号码。这样,若要查找某人的电话号码(假定他的名字的第一个字母是 Y),那么只需查找以 Y 开头的那些名字就可以了。在该例中,数据的集合 A 就是人名和电话号码,它们之间的联系 B 就是按字典顺序的排列,其相应的数据结构就是 AS=(A,B),即一个数组。

② 数据结构类型。数据结构又分为数据的逻辑结构和数据的物理结构。数据的逻辑结构是从逻辑的角度(即数据间的联系和组织方式)来观察数据、分析数据,与数据的存储位置无关;数据的物理结构是指数据在计算机中存放的结构,即数据的逻辑结构在计算机中的实现形式,因此物理结构也被称为存储结构。

(2) 层次、网状和关系数据库系统。

① 层次结构模型。层次结构模型实质上是一种有根节点的定向有序树。这个组织结构图像一棵树,校部就是树根(称为根节点),系名称、专业名称、教师姓名、学生姓名等为枝点(称为节点),树根与枝点之间的联系称为边,树根与边之比为 1∶N,即树根只有一个,树枝有 N 个。按照层次模型建立的数据库系统称为层次模型数据库系统。

② 网状结构模型。按照网状数据结构建立的数据库系统称为网状数据库系统,用数学方法可将网状数据结构转化为层次数据结构。

③ 关系结构模型。关系数据结构把一些复杂的数据结构归结为简单的二元关系。由关系数据结构组成的数据库系统被称为关系数据库系统。在关系数据库中,对数据的操作几乎全部建立在一个或多个关系表格上,通过对这些关系表格的分类、合并、连接或选取等运算来实现数据的管理。

DBASEⅡ就是这类数据库管理系统的经典代表。对于一个实际的应用问题(如人事管理问题),有时需要多个关系才能实现。用 DBASEⅡ建立起来的一个关系称为一个数据库(或称数据库文件),而把对应多个关系建立起来的多个数据库称为数据库系统。DBASEⅡ的另一个重要功能是通过建立命令文件来实现对数据库的使用和管理,对于一个数据库系统相应的命令序列文件,称为该数据库的应用系统。

因此,可以总结出,一个关系可以称为一个数据库,多个数据库可以构成一个数据库系统。

2.5.2　主要应用——基于 ETL 工具软件的数据抽取

ETL 工具软件采用面向对象的分析设计方法,以 Visual C++ 为程序设计语言,它能运行在 Windows 平台,以图形用户界面提供用户操作,也可以提供外部程序调用的 API接口。它通过 ActiveX 数据对象(ActiveX Data Objects,ADO)数据访问接口,连接到异构的数据库执行数据抽取,支持 Oracle、SQL Server、SAS 等数据库。例如,Db2 Bridge就是基于 ETL 工具软件开发的数据抽取系统。

为提高数据抽取执行过程的效率,优化设计调用 ADO,程序中"显式"创建连接(Connection)对象并建立与数据库的连接,该连接可在应用程序范围内共享,以节约数据库系统的资源。

连接数据库需要数据库管理系统的类型(ADO 依次调用不同的数据库驱动程序)、数据库名称、账号等信息。而这些信息又随数据库管理系统类型的不同而有差异,只有屏蔽这些差异才能形成统一格式的抽取规则。因此,使用连接字符串作为连接信息的格式。连接字符串由各种信息组合而成,对于特殊连接要求,通过 OleDB 连接对话框,调用数据库驱动程序来详细设置连接字符串的各个组成部分 APO 接口。

大数据量的数据抽取获得的查询结果(记录集可达几十万行),如果采用切断式会占用过多的系统资源,因此把记录集游标设置在服务器端,游标类型设定为单向只读,以提高抽取的执行效率。

2.6 文本文件的数据抽取

2.6.1 文本文件数据抽取及应用领域

基于文本文件的数据抽取是指从文本文件中抽取有价值的信息和知识的计算机处理技术。顾名思义,基于文本文件的数据抽取是从文本中进行数据抽取。从这个意义上讲,文本文件数据抽取是数据挖掘的一个分支。基于文本文件的数据抽取分为 2 类:基于单文档的数据抽取和基于文档集的数据抽取。基于文本文件的数据抽取方法一般有很多种,包括文本分类(一种典型的机器学习方法,一般分为训练和分类两个阶段)、文本聚类(一种典型的无监督式机器学习方法,聚类方法的选择取决于数据类型)、信息抽取、摘要和压缩,其中,文本分类和文本聚类是最重要、最基本的数据抽取功能。

基于文本文件的数据抽取在传统商业方面的应用主要有:企业竞争情报、CRM、电子商务网站、搜索引擎,现在已扩展到医疗、保险和咨询行业。

2.6.2 网络爬虫

网络爬虫是一种按照一定的规则,自动抓取互联网信息的程序或者脚本。另外一些不常使用的名字还有蚂蚁、自动索引、模拟程序或者蠕虫。

1. 网络爬虫分类

网络爬虫按照性质可分为通用网络爬虫、聚焦网络爬虫、增量式网络爬虫、Deep Web 爬虫等,下面分别介绍。

(1) 通用网络爬虫。

通用网络爬虫又称全网爬虫(Scalable Web Crawler),爬行对象从一些种子 URL 扩展到整个 Web,主要为门户站点搜索引擎和大型 Web 服务提供商采集数据。由于商业原因,它们的技术细节很少被公布出来。这类网络爬虫的爬行范围和数量巨大,对爬行速度和存储空间要求较高,对爬行页面的顺序要求相对较低,同时由于待刷新的页面太多,通常采用并行工作方式,但需要较长时间才能刷新一次页面。虽然存在一定缺陷,但通用网络爬虫适用于为搜索引擎搜索广泛的主题,有较大的应用价值。

(2) 聚焦网络爬虫。

聚焦网络爬虫(Focused Crawler)又称主题网络爬虫(Topical Crawler),是指选择性地爬行那些与预先定义好的主题相关页面的网络爬虫。和通用网络爬虫相比,聚焦网络爬虫只需要爬行与主题相关的页面,极大地节省了硬件和网络资源,保存的页面也由于数量少而更新快,还可以很好地满足一些特定人群对特定领域信息的需求。

聚焦网络爬虫和通用网络爬虫相比,增加了链接评价模块以及内容评价模块。聚焦网络爬虫爬行策略实现的关键是评价页面内容和链接的重要性,不同的方法计算出的重要性不同,由此导致链接的访问顺序也不同。

(3) 增量式网络爬虫。

增量式网络爬虫(Incremental Web Crawler)是指对已经加载完毕的网页采取增量式更新和只爬行新产生的或者已经发生变化网页的爬虫,它能够在一定程度上保证所爬行的页面是尽可能新的页面。和周期性爬行和刷新页面的网络爬虫相比,增量式网络爬虫只会在需要时爬行新产生或发生更新的页面,并不需要重新下载没有发生变化的页面,可以有效减少数据下载量,及时更新已爬行的网页,减小时间和空间上的耗费,但是增加了爬行算法的复杂度和实现难度。增量式网络爬虫的体系结构包含爬行模块、排序模块、更新模块、本地页面集、待爬行 URL 集以及本地页面 URL 集。

增量式爬虫有两个目标,其一是保持本地页面集中存储的页面为最新页面,其二是提高本地页面集中页面的质量。

为实现第一个目标,增量式爬虫需要重新访问网页来更新本地页面集中的页面内容,常用的方法主要有以下 3 种。

① 统一更新法:爬虫以相同的频率访问所有网页,不考虑网页的改变频率。

② 个体更新法:爬虫根据个体网页的改变频率来重新访问各页面。

③ 基于分类的更新法:爬虫根据网页改变频率将其分为更新较快网页子集和更新较慢网页子集两类,然后以不同的频率访问这两类网页。

为实现第二个目标,增量式爬虫需要对网页的重要性排序。IBM 开发的 WebFountain 是一个功能强大的增量式网络爬虫,它采用一个优化模型控制爬行过程,并没有对页面变化过程做任何统计假设,而是采用一种自适应的方法,根据先前爬行周期中的爬行结果和网页实际变化速度对页面更新频率进行调整。北京大学的天网增量爬行系统旨在爬行国内 Web,将网页分为变化网页和新网页两类,分别采用不同爬行策略。为缓解因对大量网页变化历史维护导致的性能瓶颈问题,它根据网页变化时间局部性规律,在短时期内直接爬行多次变化的网页,为尽快获取新网页,它利用索引型网页跟踪新出现的网页。

(4) Deep Web 爬虫。

Web 页面按存在方式可以分为表层网页(Surface Web)和深层网页(Deep Web)。表层网页是指传统搜索引擎可以索引的页面,是以超链接可以到达的静态网页为主构成的 Web 页面。Deep Web 是那些大部分内容不能通过静态链接获取的、隐藏在搜索表单后的、只有用户提交一些关键词才能获得的 Web 页面。例如,那些用户注册后内容才可见的网页就属于 Deep Web。Deep Web 爬虫体系结构包含 6 个基本功能模块(爬行控制器、解析器、表单分析器、表单处理器、响应分析器、LVS 控制器)和两个爬虫内部数据结构(URL 列表、LVS 表)。其中,LVS 表示标签/数值集合,用来表示填充表单的数据源。

2. 网络爬虫在互联网金融上的应用

随着云时代的来临,大数据的发展也越来越成为一种潮流。大数据通常是指公司创造的大量结构化和非结构化数据,这些数据被获取并存放到关系数据库中,分析这些数据花费的时间很长。在大数据时代,网络爬虫技术成为获取网络数据的重要方式。

互联网金融发展过程中需要搜集大量数据资源。金融数据的搜集,是通过综合计算机技术与金融领域相关知识,将金融经济的发展与相关数据进行集中处理,能够为金融领域的各个方面,如经济发展趋势、金融投资等提供"数据平台",真实的数据资源还可以推进金融经济快速发展和金融理论创新。当今互联网快速发展,网络上也充满各种金融信息,并且更新速度快,这使互联网成为金融领域获取数据资源的重要方式。

2.7 实验任务——MySQL 环境搭建及数据抽取

下面分别介绍 MySQL 在 Windows 系统和 Linux 系统下的环境搭建。

2.7.1 MySQL 在 Windows 下的搭建

1. 下载安装 MySQL

(1) 从 MySQL 官网下载 mysql-5.7.20-winx64.zip 的安装包,接着解压安装,再将 MySQL 环境配置到系统环境变量中,在 Path 中放入 MySQL 的安装路径,这里是 C:\ Program Files\mysql-5.7.20-winx64\bin,接着以管理员身份,进入 DOS 命令提示符下,输入以下命令行。

```
cd C:\Program Files\mysql-5.7.20-winx64\bin
```

(2) 输入命令"mysqld install"。

(3) 初始化 mysql data 目录(mysql-5.7 解压后无此目录)并生成密码,命令为 "mysqld --initialize-insecure",操作成功是无反应的。

(4) 在 DOS 界面(任意目录)执行命令"net start mysql"。

(5) 在 DOS 界面(任意目录)执行命令"mysql -uroot",即用 root 用户登录。

(6) 输入如下代码,其设置密码为"123456"。

```
update user set authentication_string=password('123456') where user='root'
and Host = 'localhost';
```

(7) 输入命令"mysql -u root -p"(以密码登录 MySQL)。

(8) 输入命令"net stop mysql"(停止 MySQL)"-- mysqld remove"(移除 MySQL),再次尝试安装。

2. 登录到 MySQL

当 MySQL 服务已经运行时,可以通过 MySQL 自带的客户端工具登录到 MySQL

数据库中,首先打开命令提示符,输入以下格式的命令:mysql -h 主机名-u 用户名-p。

(1)以登录刚刚安装在本机的 MySQL 数据库为例,在命令行下输入 mysql -u root -p,按回车键确认,如果安装正确且 MySQL 正在运行,会得到以下响应:Enter password。

(2)若密码存在,输入密码登录,不存在则直接按回车键登录,按照本文中的安装方法,默认 root 账号是无密码的。登录成功后,界面显示"Welcome to the MySQL monitor..."的提示语。

(3)然后命令提示符会一直以 mysql>加一个闪烁的光标等待命令输入,输入 exit 或 quit 退出登录。然后创建数据库。

(4)如果出现 Can't connect to MySQL server on 'localhost',需要检查系统服务 MySQL 是否已启动。

3. 数据库管理工具——Navicat Premium

Navicat for MySQL 是一套管理和开发 MySQL 或 MariaDB 的理想解决方案,支持单一程序,可同时连接到 MySQL 和 MariaDB。这个功能齐备的前端软件为数据库管理、开发和维护提供了直观而强大的图形界面,给 MySQL 或 MariaDB 新手以及专业人士提供了一组全面的工具。它可以让用户以单一程式同时连线到 MySQL、SQLite、Oracle 及 PostgreSQL 资料库,让管理不同类型的资料库更加方便,从网上可以下载 Navicat Premium_11.2.7 简体中文版破解版,无需激活码。

2.7.2 MySQL 在 Linux 下的搭建

在 Linux 上安装 MySQL 有两种方式:源码安装和 RPM 包(RPM 软件包管理器)安装。RPM 包安装简单易懂,无须复杂的参数配置,因此下面着重介绍 MySQL 的 RPM 包安装。

MySQL 的各 RPM 包包括如下几项。

(1)MySQL-server,MySQL 服务器。

(2)MySQL-client,MySQL 客户端程序,用于连接并操作 MySQL 服务器。

(3)MySQL-devel,库和包含文件,若想编译其他 MySQL 客户端(如 Perl 模块),则需要安装该 RPM 包。

(4)MySQL-shared,包含某些语言和应用程序需要动态装载的共享库(libmysqlclient.so *)。

(5)MySQL-bench,数据库服务器的基准和性能测试工具。

RPM 包安装 MySQL 的步骤如下。

(1)在 MySQL 官网下载版本 tar 包,上传到 Linux 系统。

```
mysql-5.7.14-1.el6.x86_64.rpm-bundle.tar
```

(2)新建/software 目录,将 tar 包 mv 到该目录下。

```
tar xf mysql-5.7.14-1.el6.x86_64.rpm-bundle.tar
```

（3）利用 yum 安装（推荐）。

```
yum localinstall /software/ * .rpm
```

（4）MySQL 初始化、配置/etc/my.conf、关闭防火墙和 selinux。
在以上步骤完成后，可继续进行下面的操作。

1. 初始化启动 MySQL 服务

（1）启动 MySQL 服务器，其命令如下。

```
[root@mysqlserver ~]#service mysqld start
netstat -an |grep :3306
```

（2）查找 MySQL 的初始密码。
MySQL 的初始密码在 /var/log/mysqld.log 中，其密码格式如下。

```
A temporary password is generated for root@localhost:
```

（3）配置变量。

```
vi /etc/my.cnf
validate_password=off
```

（4）重启 MySQL 服务器，其命令如下。

```
[root@mysqlserver ~]#service mysqld restart
```

用初始密码登录后，需要修改密码，这里将密码改为 123，其命令为"set password=password('123 ')"。

如果安装的是 5.6 版本的 MySQL，在安装成功后，默认的 root 用户密码为空，需要在命令行创建 root 用户的密码。

```
[root@mysqlserver ~]#mysqladmin -u root password 123
```

检查是否连接到 MySQL 服务器，需要在 Linux 系统的 DOS 命令行进行以下操作。

```
[root@mysqlserver ~]#mysql -uroot -p -S /var/lib/mysql/mysql.sock
Enter password:***
mysql> status     (查看数据库状态)
--------------
mysql Ver 14.14 Distrib 5.7.14, for Linux (x86_64) using EditLine     wrapper
Connection id:    13
Current database:    db1
Current user:    root@localhost
```

```
SSL:      Not in use
Current pager:      stdout
Using outfile:      ''
Using delimiter:      ;
Server version:      5.7.14 Source distribution
Protocol version:      10
Connection:      Localhost via UNIX socket
Server characterset:      latin1
Db characterset:      latin1
Client characterset:      utf8
Conn. characterset:      utf8
UNIX socket:      /var/lib/mysql/mysql.sock
Uptime:      2 days 13 hours 25 min 42 sec

Threads: 2 Questions: 10793065 Slow queries: 0 Opens: 646 Flush tables: 1 Open
tables: 426 Queries per second avg: 48.806
--------------
mysql> show databases;(显示数据库表)
+--------------------+
| Database           |
+--------------------+
| information_schema |
| mysql              |
| performance_schema |
| test               |
+--------------------+
rows in set (0.04 sec)
mysql> quit     (退出 MySQL)
Bye
[root@mysqlserver ~]#
```

2. 修改 MySQL 的配置文件/etc/my.cnf

```
[root@mysqlserver ~]#cat /etc/my.cnf
[mysqld]
datadir=/mydata
socket=/var/lib/mysql/mysql.sock
symbolic-links=0

[mysqld_safe]
log-error=/var/log/mysqld.log
pid-file=/mydata/mysqld.pid
[root@mysqlserver ~]#
```

至此,在Linux系统环境下搭建MySQL已经完成。下面将通过两个例子在MySQL环境下进行数据抽取工作。

2.7.3 案例分析

1. 将txt文件数据导入MySQL

首先使用Navicat在MySQL数据库建一个表(注意和txt数据的列对应),数据库和txt文件如图2-9所示。

图2-9 新建SQL表

（1）单击"开始"按钮,输入命令"MySQL Command Line Client"(在Windows环境下搭建),并打开,如图2-10所示。

图2-10 在Windows下找到MySQL客户端

（2）通过DOS命令符,以管理员身份进入MySQL,弹出图2-11所示的界面,输入密码。

图 2-11　单击进入 MySQL

（3）输入密码进入 MySQL，输入目标表所在的数据库：use 数据库名，这里的数据库为 saifei，如图 2-12 所示。

```
mysql> use saifei;
Database changed
mysql>
```

图 2-12　输入密码

（4）输入加载 txt 数据的代码。这里需要加载数据文件的绝对路径，详细命令为"load data infile '文件的绝对路径' into table 表名"，如图 2-13 所示，输入文件的绝对路径为"C:\\22.txt"，表名为 one。

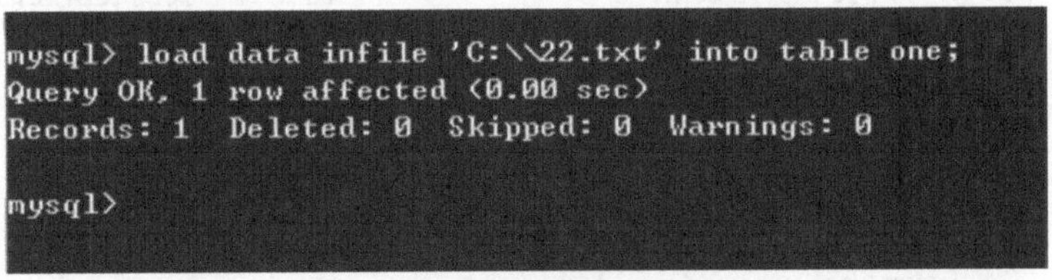

```
mysql> load data infile 'C:\\22.txt' into table one;
Query OK, 1 row affected (0.00 sec)
Records: 1  Deleted: 0  Skipped: 0  Warnings: 0

mysql>
```

图 2-13　输入需要加载的代码

（5）利用 Navicat 查看导入结果，这里的表格栏包括 id、num、data，导入成功后查看结果，如图 2-14 所示。

图 2-14　利用 Navicat 查看结果

2. 将 Excel 表格的数据导入 MySQL

（1）可以在 MySQL 管理工具 Navicat 中新建一个表，直接新建即可，不过必须设置一个主键，这里新建的表格元素有 id、name 和 age，如图 2-15 所示，也可以用"mysql"命令创建。

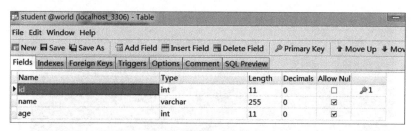

图 2-15　利用 Navicat 新建表格

（2）打开 Excel 表，填写相应的数据，向上一步新建的表格栏中填充相应的数据，具体内容如图 2-16 所示。

（3）打开工具 Navicat for MySQL，找到工具选项，选择表所在的数据库，如图 2-17 所示，单击数据库名称，右击导入的目标数据库表，在弹出的快捷菜单中选择"import wizard"，最后选择"Excel file(∗.xls)"，如图 2-18 所示。

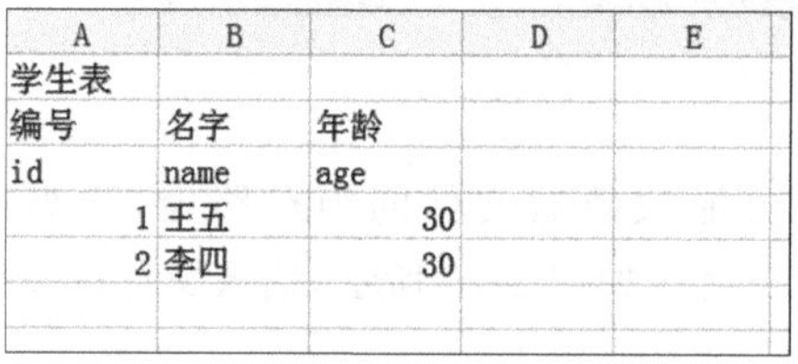

图 2-16　向表中填充数据

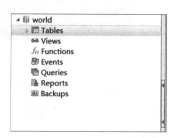

图 2-17　找到表所在的数据库

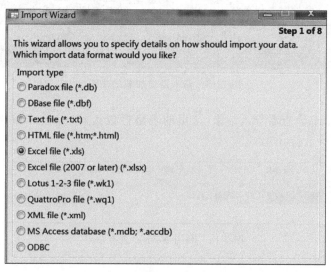

图 2-18　导入数据——选择 Excel 文件

（4）单击 Next(下一步)按钮，选择对应的 Excel 文件，在"Import From"中选择数据导入源，紧接着选择此文件内容所在的 Sheet(表格)，这里选择数据源为"C:\Users\0001

\Desktop\3D 投注格.xls"，Tables 为"Sheet3"，如图 2-19 所示。

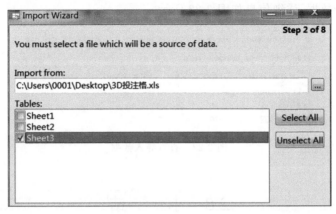

图 2-19　选择所在的表格

（5）单击 Next 按钮，这里需要注意两点，其一，Field name row 表示字段在 Excel 中的位置；其二，First data row 表示初始执行的位置。在本例中分别设为 3 和 4，如图 2-20所示。

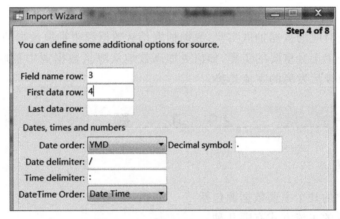

图 2-20　选择执行行和所有行

（6）单击 Next 按钮，这里注意两点，其一，Source Table（资源表格）表示引入的表格，与第（4）步对应；其二，Target Table（目标表格）表示导入数据的终点，这里目标表名为student，如图 2-21 所示。

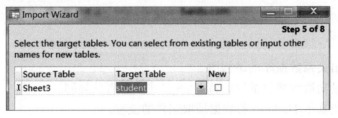

图 2-21　选择目标数据库表

（7）单击 Next 按钮，其他均选择默认，直至完成，最后打开数据库中导入的信息，这里只新建了两行数据，详细信息如图 2-22 所示。

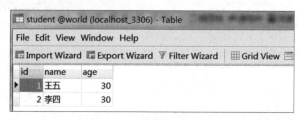

图 2-22　查看导入数据

2.8　小　　结

本章主要介绍了数据抽取的概念、应用以及数据抽取技术的发展趋势。在 2.1 节介绍了 3 种基本的数据源：关系数据库、非关系数据库和通用程序库。在 2.2 节介绍了目前主流的 2 种数据抽取的方式：全量抽取和增量抽取，并且比较了 2 种抽取方式的异同。2.3～2.6 节分别介绍了基于 Hadoop 的数据抽取、基于 Web 文件的数据抽取、基于数据库的数据抽取、基于文本文件的数据抽取的方法和应用。2.7 节介绍了一个关于 MySQL 的环境搭建以及对应的数据抽取实验；数据抽取是从数据源中抽取数据的一个过程，它是分析数据时的一个十分重要的步骤，如何更加高效地从海量数据源中抽取我们感兴趣的数据是数据抽取今后发展的主流趋势。

2.9　习　　题

一、填空题

1. 数据抽取的几个主要数据源包括_____、_____、_____。

2. 数据抽取的主流方式有哪几种_____、_____。

3. Hadoop 实现了一个_____系统，它的核心架构是_____、_____。

4. 数据库的基本结构包括_____、_____、_____几个层次。

5. 基于文本文件的数据抽取可以分为_____、_____几类。

6. 网络爬虫按照系统结构和实现技术可以分为_____、_____、_____、_____几类。

二、简答题

1. 简单画出关系数据库的结构图。

2. 简述全量抽取和增量抽取的特点，并且比较两者的异同。

3. 简单介绍基于 Hadoop 的数据抽取工作的流程。

4. 目前，关于数据抽取的工作大致可以分为哪几个类别？

5. 目前数据库的主要特点是什么？

三、案例分析

1. 大规模数据排序是可以基于 Hadoop 的一种实际应用,利用 Hadoop 分而治之的计算模型,参照快速排序的思想,归纳出一个用 Hadoop 对大量数据排序的方法。

2. 一般使用 Sqoop 来实现大数据的抽取。但是 Sqoop 组件自身的局限性较大,现拟出基于 Cloudera CDH 的一种海量数据抽取的方法,以 Oracle 为数据源,抽取 Oracle 数据库的数据并存储到大数据平台的 HBase 中。

数据转换

学习计划：

- 了解数据转换的基本概念
- 掌握数据清洗的基本流程
- 掌握利用 Python 包 Pandas 清洗数据的方法
- 了解用于数据转换的几种工具
- 掌握使用 Kettle 工具进行数据清洗的方法
- 理解本章案例

本章主要介绍数据转换，数据转换包括数据清洗、格式转换等。其中对数据清洗做了很大篇幅的说明，包括数据清洗的内容、研究现状、流程等，并利用 Python 工具对数据清洗进行案例分析。介绍了数据转换工具，包括 Data Stage、Kettle、Informatica Powercenter、ETL Automation 和 SSIS；并对其中的 Kettle 工具进行了案例说明。

3.1　数据转换

3.1.1　数据转换的概念

数据转换（Transform），顾名思义是指将数据从一种表示形式转变为另一种表现形式的过程。在 ETL 中，数据转换之前应该进行数据清洗（Cleaning）。

数据转换的任务主要是进行不一致的数据转换、数据粒度转换，以及一些商务规则的计算。

（1）不一致的数据转换。

这个过程是一个整合的过程，将不同业务系统的相同类型的数据统一，比如同一个供应商在结算系统的编码是 XX0001，而在 CRM 中编码是 YY0001，这样在抽取过来之后统一转换成一个编码。

（2）数据粒度转换。

业务系统一般存储非常详细的数据，而数据仓库中的数据是用来分析的，不需要非常详细的数据。一般情况下，会将业务系统数据按照数据仓库粒度进行聚合。

（3）商务规则的计算。

不同的企业有不同的业务规则和数据指标，这些指标有时不是靠简单的加加减减就能完成的,需要在 ETL 中将这些数据指标计算好之后存储在数据仓库中,以供分析使用。

3.1.2 数据转换的标准

数据转换不是毫无章法的,而是有一定的标准可依,数据转换标准是依照不同计算机环境间数据转换的一种中间格式。包括一整套使数据按字段、记录和文件要求进行编码的规划,以便通过指定的介质进行转换。数据模型是研制编码规则的先决条件,转换标准的中介性质是主要的特征。

转换标准优化后可使所有的数据进行有效地通信,而对产品和数据库结构进行优化后,可进行有效的存储、应用及维护,是一个将数据从一种表示形式转换为另一种表现形式的过程。例如,软件的全面升级,肯定带来数据库的全面升级,每一个软件对其后面数据库的构架与数据的存诸形式都是不相同的,就需要进行数据转换了。主要是由于数据量不断增加,原来的数据构架不合理,不能满足各方面的要求,需要对数据库进行更换,对数据结构进行更换,从而需要对数据本身的转换。

数据类型是一个值的集合以及定义在这个值集上的一组操作。数据类型包括原始类型、多元组、记录单元、代数数据类型、抽象数据类型、参考类型以及函数类型,下面介绍数据转换要求的数据格式和数据类型。

数据格式(Data Format)是数据保存在文件或记录中的编排格式,可为数值、字符或二进制数等形式,由数据类型及数据长度来描述。

数据类型是与程序中出现的变量相联系的数据形式,常用的数据类型可分为两大类。

(1) 简单类型。

简单类型数据的结构非常简单,具有相同的数学特性和相同的计算机内部表示法,其数据的逻辑结构特点是只包含一个初等项的节点。通常有 5 种基本的简单类型:整数类型、实数类型、布尔类型、字符类型和指针类型。

(2) 复合类型。

复合类型也称组合类型或结构类型,是由简单类型以某种方式组合而成的。根据不同的构造方法,可构成以下不同的数据结构类型。

① 数组类型:所有成分都属于同一类型。

② 记录类型:各成分不一定属于同一类型。

③ 集合类型:它定义的值集合是其基类型的幂集,也就是基类型的值域的所有子集的集合。

④ 文件类型:属于同一类型的各成分的一个序列,这个序列规定各成分的自然次序。

数据长度是可度量的,通常用 8 位二进制数组成一字节,一个键盘上的字母、数字或其他符号用一个 ASCII 码表示,一字节可容纳一个 ASCII 码(含一位奇偶校验位),计算机存储器的常用编址单位是以字节为单位的。计算机的通信传输单位一般也以字节为基础。

3.1.3 数据转换的方法

进行数据转换时一定要注意,不能不顾一切地进行转换,因为,有时转换会严重扭曲数据本身的内涵,不能用过于复杂的转换方法。但是,在许多情况下,如果转换得当,就是一种好方法。数据转换方法主要有以下5种。

1. 对数转换

对数转换是将原始数据自然对数值作为分析数据,如果原始数据中有0,就可以在底数中加上一个小数值。

对数转换适用的情况主要包括部分正偏态资料、等比资料,以及各组数值和均值比值相差不大的资料。

2. 平方根转换

平方根转换适用的情况如下。

(1) 服从泊松分布的资料。

(2) 轻度偏态资料。

(3) 样本的方差和均数呈正相关的资料。

(4) 变量的所有个案为百分数,并且取值在0%～20%或者80%～100%的资料。

3. 平方根反正弦转换

平方根反正弦转换适用的情况包括变量所有个案为百分数,并且取值广泛的资料。

4. 平方转换

平方转换适用的情况主要包括方差和均数的平方呈反比;资料呈左偏。

5. 倒数转换

倒数转换和平方转换相反,需要方差和均数的平方呈正比,但是,倒数转换需要资料中没有接近或者小于零的数据。

在"计算变量"对话框对变量转换更加多样和灵活。但是,仍然要小心,不能扭曲变量。

3.1.4 数据之间的关联

在对数据进行转换的同时要注意数据之间的关联,查找存在于项目集合或对象集合之间的频繁模式、关联、相关性或因果结构,因此又称为对数据进行关联分析,下面主要介绍2个算法来分析数据之间关联性。

1. Apriori 算法

Apriori算法是挖掘产生布尔关联规则所需频繁项集的基本算法,也是最著名的关联规则挖掘算法之一。Apriori算法就是根据有关频繁项集特性的先验知识命名的。它使用一种称作逐层搜索的迭代方法,k-项集用于探索$(k+1)$-项集。首先,找出频繁1-项集的集合。记作L1,L1用于找出频繁2-项集的集合L2,再用于找出L3,如此下去,直到不能找到频繁 k-项集。找每个 L_k 需要扫描一次数据库。

为提高按层次搜索并产生相应频繁项集的处理效率,Apriori 算法利用了一个重要性质,并应用 Apriori 性质来帮助有效缩小频繁项集的搜索空间。

2. FP-growth 算法

由于 Apriori 算法的固有缺陷,即使进行了优化,其效率也仍然不能令人满意。2000年,韩佳伟(Han Jiawei)等人提出了基于频繁模式树(Frequent Pattern Tree,FP-tree)的发现频繁模式的算法 FP-growth。在 FP-growth 算法中,通过两次扫描事务数据库,把每个事务包含的频繁项目按其支持度降序压缩存储到 FP-tree 中。在以后发现频繁模式的过程中,不需要再扫描事务数据库,而仅在 FP-Tree 中查找,并通过递归调用 FP-growth 算法来直接产生频繁模式,因此在整个发现过程中也不需产生候选模式。该算法克服了 Apriori 算法中存在的问题,在执行效率上也明显好于 Apriori 算法。

3.2 数据清洗

数据清洗一直被视为数据挖掘的一部分,但随着技术的不断发展和研究的深入,数据清洗被单独提出来,作为独立的一部分得到发展及应用。数据清洗是数据仓库技术中的重要环节,其清洗的好坏直接影响进入数据仓库中的数据质量,进而间接影响决策支持。数据仓库中的数据不可避免地存在许多异常,这就使得数据在进入数据仓库之前必须进行清洗。

清洗数据仓库中的数据,可以纠正错误的数据、修复残缺的数据和去除多余的数据,进而将清洗后的数据进行整理,挑选出所需的数据进行集成,将多格式的数据转换为单一的数据格式,消除多余的数据属性,从而达到数据类型同一化、存储集中化、格式一致化和信息精练化。经过处理后的数据,可以尽量减少挖掘系统所付出的代价和提高挖掘知识的有效性,因此数据清洗被认为是建立数据仓库需要解决的最大问题之一。

3.2.1 数据清洗的主要内容

数据清洗一直被人们所熟知,我们需要明白何为数据清洗。按其字义分析,数据清洗就是把"垃圾"洗掉,是纠正数据文件的最后一道程序,包括处理无效值和缺失值、检查数据一致性等。在建立数据仓库时,不可避免有许多冲突,我们不需要的数据,称为"脏数据",数据清洗的重点就是要按照一定的规则清洗掉"脏数据"。数据清洗的任务就是把那些不符合要求的数据过滤,将结果呈交给主管部门,用于决策和支持决策。

随着企业的不断发展,企业对客户关系的重视度也日渐提升,客户信息的质量也越来越受到企业的重视。名字和地址类数据的清洗是清洗技术在特定领域类的经典应用。用于纠错、标准化、提升数据质量的清洗工具主要有 Trillium Software System、Trillium Software、MatchMaker、Info Tech Ltd、ItraAddress Management、The Computing Group、NADIS、Groupl Software 和 MasterSoft International 等。

如今,数据清洗的相关研究主要集中在以下几个方面。

1. 残缺数据

这类数据主要是指一些应有的数据缺失,使得整个数据不完整,如学校教务系统学生成绩缺失、企业业务系统的报表不相匹配等,对于这一类数据,可以采用直接删除记录和数据填充的方法进行清洗,将补全的数据写入数据仓库中。

2. 错误数据

这类数据主要是指业务系统不够健全,在存入数据仓库中导致冲突或者格式的不一致性所导致,如文字转换为一堆乱码、日期格式不正确和图文匹配错误等。对于这类数据,常用统计方法进行分析,识别该错误值。常用的统计方法有回归方程、正态分布、偏差分析等。

3. 重复数据

清洗数据集中的近似重复的记录问题是目前清洗领域研究较为普遍且广泛的内容,这类数据主要是由于人为因素所致。为了消除这类数据,首先需要解决检测重复记录的问题,在这类问题中基于字符串的匹配问题是检测基础。近似字符串匹配问题研究的主要方法有基本字符串匹配法、递归匹配法、基于动态规划的编辑距离法、N_Grams 距离法、快速过滤法等。针对数据量较大且比较集中的相似重复记录的研究策略中,目前主要的应用有基于近邻排序方法、多趟排序近邻方法以及优先队列方法。对于基本常见的问题,可以直接删除多余项,在维表中出现此类情况可以将重复记录的所有字段导出,让客户层确认并进行处理。对于同一实体的不同种表达,清洗时需要合并数据。

4. 基于大数据增量处理的清洗

并行、增量处理大数据的研究成果主要集中在 ETL 工具上,并没有什么实质性的成果。某些商业 ETL 工具已经可以对数据进行并行集成和清洗,并提供数据的增量复制功能,主要是利用多线程、多进程、流水、多处理器技术来进行。

5. 通用可扩展的清洗模型

商业 ETL 工具提供了一些数据清洗功能,但是都缺乏扩展性,也就为科研人员提供了很好的素材和方向。为此,一些研究人员提出了数据清洗系统的框架,并且围绕该框架,提出了数据清洗语言和模型,在通用 SQL 基础上扩展了新的清洗操作。

目前国内对于数据清洗技术的研究还不是很多,只能在一些学术期刊上见到一些理论文章,相关的书籍也很少,比较系统的书是《干净的数据》。针对数据清洗的中文论文也不是很多。

3.2.2 数据清洗研究现状

在人们眼中,数据清洗通常是数据仓库、数据库中的知识发现和数据/信息质量管理3 个领域的数据准备阶段的步骤之一。在数据准备阶段,一般需要两种类型的工具:转换工具和清洗工具。转换工具也就是我们常说的 ETL 工具,主要功能包括数据抽取、转换和载入,它主要是为 OLAP 提供服务。数据清洗工具可以满足一些特殊的要求,它的核心工作是净化和匹配,但不能提供数据抽取、载入和更新等功能。因此,在 ETL 过程中引入数据清洗技术是必然的趋势,两种工具取长补短,发挥各自的优势功能,只有提高数据质量,才能更好地为决策者提供可靠又可信的数据依据。

3.2.3　数据清洗的必要性

"脏数据"会对数据仓库系统造成不良的影响,从而影响数据仓库的运行效果,进一步影响数据挖掘效能,最终影响决策管理。所以数据预处理工作就显得尤为重要,数据清洗作为数据预处理的重要环节,在数据仓库构建过程中占据相当重要的位置,如图 3-1 所示。

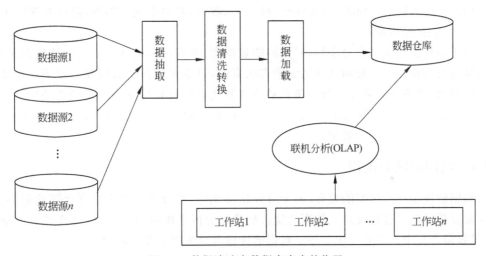

图 3-1　数据清洗在数据仓库中的位置

3.2.4　数据清洗的问题

数据清洗的目的在于检测数据中存在的错误和不一致,消除或者改正它们,进而提高数据的质量。在以前,人们根本没有意识到数据清洗的重要性,而是把数据直接装入数据库中,因而引发了一系列问题。如今,人们逐渐意识到数据清洗对提高数据质量具有正相关性。下面通过案例展示数据清洗的必要性。

工业运用:在企业工厂中,一种线运用"bus(现场总线)",但这个词在不同的行业内可能有不同的表达方式。

市场交流:客户姓名和电话号码错误、地址无效和时间节点不当都可以导致商品无法投向该客户,进而影响公司的效益。

检测和消除重复记录是数据清洗和提高数据质量要解决的主要问题之一。所谓相似重复记录,是指客观上表达同一实体,但表达方式不同和由于拼写问题使得 DBMS 不能识别,将其视为重复记录。例如,由于拼写问题,导致同一学生在两次登录教务系统时使用的记录不同,(张三,男,20岁,重庆,2017/09/10)和(张三,男,20岁,渝,2017/09/10),虽说只有一字之差,表达的是同一学生,但这两条记录已被标为相似重复记录。这样的记录,其影响结果是巨大的,可能导致建立错误的数据挖掘模型。

3.2.5 数据清洗对工具的要求

为了完成数据清洗任务,满足需求,需要应用合理的清洗工具。数据清洗的复杂性,使得清洗涉及多种不同的算法和清洗规则,对工具有以下要求。

(1)具备检测重复和异常记录的能力,为避免遗漏,提高精度和速率,可同时选择多种检测算法,进行交叉检测。

(2)提高质量评估的方法,能够实时地对数据质量进行评估,评估其检测算法和清洗策略的效率和可满足程度,以便实时调整清洗流程。

(3)具备元数据管理能力,能够充分使用元数据,对数据进行集成,提高系统的灵活度,进而保证数据质量。

由于数据清洗的高度复杂性,对不同的数据源,要求数据清洗适应不同的数据类型、数据量及具体业务。一种清洗算法无论多么有效,也不可能在所有问题上都表现出良好的清洗效果,也不可能依靠一种乃至几种清洗算法就能良好地解决所有的清洗问题。所以仍需要探究数据清洗算法和规则,探求一种可扩展和可交互的数据清洗系统框架,进而大大提高数据清洗的综合效果。

3.2.6 数据清洗的流程

数据清洗是一个反复的过程,整个过程枯燥无味,它要求清洗人员有足够的耐心,需要反复发现问题并进行处理。数据清洗占据数据分析工作的80%,这又体现出它的重要性,是数据分析中最为重要的一环。数据清洗过程分为以下几个步骤。

1. 整理原数据

在进行数据清洗时,其原数据可能有多个,且提供的文件格式可能不同,这些原数据可能是网页文件、PDF文件、简单文本文件等类型。为了满足对清洗格式的要求,必须对不同格式的原数据进行整理,清洗数据质量问题。

2. 数据源合并

原数据的格式不一,在合并数据源之前需要分析各个原数据的格式,需要将这些不同的标准和格式进行统一。有些格式需要运用可视交互工具完成,如关系数据库中的数据列;有些只需要简单的手工整理,如电子表格中的数据列。无论使用什么格式,运用不同的工具进行格式统一,必须做到数据标准统一后才能合并数据源。

3. 数据清洗

数据清洗的主要目的是发现并清除数据源中各种数据存在的质量问题,不同的数据质量问题,应用的数据清洗工具和方法各异,甚至有的需要交互完成。面对数据质量问题,需要反复迭代,直到数据满足可视数据分析要求为止。

4. 可视数据分析

经过前面的工作,数据的各种质量问题基本清除,导入可视化分析工具后就可以分析可视数据。当可视分析工具报错时,需要返回第三步工作,再次审视数据质量问题,反复迭代,直到问题全部解决,满足应用研究的要求时,才可以展示可靠的可视分析结果。

5. 建立操作文档

对可视化处理后的数据,需要评估清洗后数据的质量,必须建立跟踪和记录数据清洗每一个行为的操作文档,且文档中的算法和操作步骤必须能够再现。

3.2.7 数据清洗的原理

数据清洗是一个减少错误和不一致性、解决对象识别的过程。针对不同的数据,采用不同的方法及其模型进行处理,为此需要了解数据清洗的原理。

数据清洗的原理就是首先分析脏数据产生的原因及其存在方式;其次分析整个数据流的过程,最后运用一些技术和结合数理统计的方法将脏数据转换为满足数据质量要求的数据。按数据清洗的方式可将其分为 4 类。

(1) 手工实现。

用人工来检测和处理所有的错误,并将其改正,但这类方式只针对少量数据。

(2) 专门应用程序实现。

编写程序算法和规则,使计算机按照人为的设定运行,使之完成整个清洗工作。

(3) 特定应用领域的实现。

应用概率统计的原理查找异常的数据,并改正。

(4) 与特定领域无关的实现。

这一类的清洗主要是指对重复数据进行检测进而清洗。

3.2.8 数据清洗的方法

数据清洗的目的是提高数据质量,数据清洗的清洗方法,可以从实例层脏数据和模式层脏数据两方面进行分析。

1. 实例层脏数据清洗方法

实例层脏数据主要包括重复数据检测、孤立点检测和属性值的脏数据检测三大方面,不过就目前的应用来看,主要侧重于对重复数据和孤立点的检测。重复数据检测主要分为基于记录和基于字段的重复检测,基于记录的重复检测算法主要有排序邻居算法、Canopy 聚类算法、优先队列算法。排队邻居算法侧重于关键字的选取,Canopy 聚类算法最主要的是降低了量,优先队列算法的实用性较好,但对于阈值的设置很关键。基于字段的重复检测算法主要有编辑距离算法、树编辑距离算法、TI Similarity 相似匹配算法、Cosine 相识度函数算法。编辑距离算法也称 Levenshtein 算法,主要用来比较两个字符串的相似度,比较常用且易于实现。树编辑距离算法便于数据交换和机器自动化处理,也是编辑距离算法的一大分支。TI Similarity 相似匹配算法有较好的适用性,时间复杂度也较小,但对字符串的缩写就表现得力不从心。Cosine 相识度函数算法更加侧重于文本字段的重复检测。

2. 模式层脏数据清洗方法

模式层脏数据主要是由于数据结构设计不合理和属性约束不够全面两方面原因造成的,对此提出了结构冲突的清洗方法和噪声数据清洗方法。解决结构冲突有人工干预法和函数依赖法等两大解决方法。人工干预法主要是解决程序运行的弱点——不能识别关键字和数据类型的冲突,该方法比较有效,准确度高,但效率比较低。函数依赖法通过属性之间的依赖关系查找违反函数依赖关系的数据,来进行清洗,该方法效率较高,但必须满足依赖关系条件的局限。噪声数据的清洗方法主要有分箱法、人机结合法和简单规则库法。分箱法主要应用于数字类型的数据,对文本中的噪声数据并不适用。人机结合法也是常用的清洗方法,通过计算机检测出脏数据,再通过人工手动清洗并修正数据,不过,这个清洗方法效率较低,仅对小量数据比较适用。简单规则库法需要首先建立规则库,再通过这些规则库去约束数据,进而达到清洗的目的,不过此方法对规律性不是很强的数据适用性不大。下面介绍 3 种不同情况下的数据清洗。

(1)基于异常值的数据清洗。

异常数据是指数据库或数据仓库中不符合一般规律的数据对象,又称为孤立点。异常数据可能由执行失误造成,也可能因设备故障而导致结果异常。异常数据可能是去掉的噪声,也可能是含有重要信息的数据单元。因此,在数据清洗中,异常数据的检测十分重要。异常数据的探测主要有基于统计学、基于距离和基于偏离 3 类方法。有的采用数据审计的方法实现异常数据的自动化检测,该方法也称为数据质量挖掘(DQM)。DQM主要由两步构成:采用数理统计方法对数据分布进行概化描述,自动获得数据的总体分布特征;针对特定的数据质量问题进行挖掘以发现数据异常。DataGlich-es 将数据按距离划分为不同的层,在每一层统计数据特征,再根据定义的距离计算各数据点和中心距离的远近来判断异常是否存在。但是,并非所有的异常数据都是错误数据,在检测出异常数据后,还应结合领域知识和元数据进一步分析,以发现其中的错误。

(2)基于重复值的数据清洗。

如今,信息集成系统在各行各业中得到广泛应用。对多数据源和单数据源数据进行集成时,多个记录代表同一实体的现象经常存在,这些记录称为重复记录。同时,有些记录并非完全重复,其个别字段存在一定差别,但表示的却是同一对象,此类记录即为相似重复记录。相似重复记录检测是数据清洗研究的重要方面,在信息集成系统中,重复记录不仅导致数据冗余,浪费了网络带宽和存储空间,还提供给用户很多相似信息,起到误导作用。解决该类问题主要基于数据库和人工智能的方法。邻近排序算法(Sorted Neighborhood Method,SNM)是检测重复记录的常用方法,该方法基于排序比较的思想,已得到广泛使用。基于排序比较思想的方法还有多趟排序和优先权队列等算法。另外,有人提出了基于 N-gram 的重复记录检测方法,并给出了改进的优先权队列算法,以准确地聚类相似重复记录。也有人利用依赖图的概念,计算数据表中的关键属性,根据关键属性值将记录集划分为小记录集,在每个小记录集中检测相似重复记录。还有人提出了分割法,将某一字符串分割成几个组成部分来处理,从一定程度上解决了同一对象多种表示形式的问题。非结构化数据清洗是清洗技术的难点,近年来,针对非结构化数据的重复检测技术也在不断发展。通过介绍复杂数据实体识别的概念和应用,分别就 XML 数据、图数据和复杂网络上实体识别技术进行了讨论,并介绍了相应的技术原理。

(3) 基于残缺值的数据清洗。

残缺值问题是真实数据集中的普遍现象,许多原因都会产生缺失值。例如,设备故障问题导致的测量值丢失和在调查问卷中故意回避某些问题,这些缺失数据经常会带来一些问题。因此,业内提出了很多方法。一种处理缺失值的简单方法是忽略含有缺失值的实例或属性,但是浪费的数据可能相当多,且不完整的数据集可能会导致统计分析偏差。当然,有些数据分析的方法是容忍这些缺失值的。有很多数据挖掘方法用于估计缺失数据。这些方法根据数据间的关联性估计出准确的缺失值,并通过合适的方法对缺失值进行填充。可利用 5 组医疗数据集测试缺失数据对于病情阳性概率的影响,以及对分类结果精确度的影响,并通过最近邻搜索、判别分析和朴素贝叶斯 3 种方法在数据缺失不同比例下,分别对分类效果进行分析比较。

填充缺失数据工作通常以替代值填补的方式进行,它可以通过多种方法实现,如均值填补法使用数据的均值作为替代值。然而,该方法忽略了数据不一致的问题,并且没有考虑属性间的关系,属性间的关联性在缺失值估计过程中非常重要。数据挖掘方法的关键是挖掘属性间的关系,替代缺失值时,利用这些关系非常重要。由此观点出发,填补的目的在于估计正确的替代值,并避免填充偏差问题。如果拥有合适的填补方法,则能得到高质量的数据,数据挖掘结果也会得到改善。基于不完备数据分析的思想,有人提出了基于不完备数据聚类的缺失数据填补方法,针对分类变量不完备数据集定义约束容差集合差异度,从集合的角度判断不完备数据对象的总体相异程度,并以不完备数据聚类的结果为基础填补缺失数据。有的提出了基于进化算法的聚类方法。有的针对缺失数据问题,提出了多元回归方法,弥补了一元回归方法的不足。这些方法都很好地解决了缺失数据的估计问题。

3.3 Python 下的数据清洗

3.3.1 Python 概述

Python 是一种面向对象的解释型计算机程序设计语言,由荷兰人吉多·范·罗斯姆(Guido Van Rossum)于 1989 年发明,第一个公开发行版发行于 1991 年。Python 是纯粹的自由软件,源代码和解释器 CPython 遵循 GPL(General Public License)协议。Python 语法简洁清晰,其特色之一是强制用空白符(White Space)作为语句缩进。

Python 具有丰富和强大的库。它常被称为胶水语言,能够把用其他语言编写的各种模块(尤其是 C/C++)很轻松地联结在一起。常见的一种应用情形是,使用 Python 快速生成程序的原型(有时甚至是程序的最终界面),然后将其中有特殊要求的部分,用更合适的语言改写,如 3D 游戏中的图形渲染模块,性能要求特别高,可以用 C/C++ 重写,然后封装为 Python 可以调用的扩展类库。需要注意的是,在使用扩展类库时,可能需要考虑平台问题,某些可能不提供跨平台的实现。

3.3.2 Python 的特点

1. Python 的优点

Python 有着别具一格的特性,有很多其他语言不具有的优点,具体表现为如下几点。

(1) 简单。

Python 是一种代表简单主义思想的语言。阅读一个良好的 Python 程序就感觉像是在读英语一样。它使用户能够专注于解决问题而不是弄明白语言本身。

(2) 易学。

Python 极其容易上手,因为 Python 有极其简单的说明文档。

(3) 速度快。

Python 的底层是用 C 语言编写的,很多标准库和第三方库也都是用 C 语言编写,因此,其运行速度非常快。

(4) 免费、开源。

Python 是 FLOSS(自由/开放源码软件)之一,用户可以自由地发布这个软件的复制版本、阅读它的源代码,对它做改动,把它的一部分用于新的自由软件中。FLOSS 是基于一个团体分享知识的概念。

(5) 高级语言。

用 Python 语言编写程序时无需考虑诸如如何管理程序使用的内存一类的底层细节。

(6) 可移植性强。

由于它的开源本质,Python 已经被移植在许多平台上(经过改动使它能够工作在不同平台上)。这些平台包括 Linux、Windows、FreeBSD、Mac OS、Solaris、OS/2、Amiga、AROS、AS/400、BeOS、OS/390、Z/OS、Palm OS、QNX、VMS、Psion、Acom RISC OS、VxWorks、PlayStation、Sharp Zaurus、Windows CE、PocketPC、Symbian 和 Android。

(7) 解释性。

用编译性语言,如 C 或 C++ 编写的程序可以从源文件(即 C 或 C++ 语言)转换到用户计算机使用的语言(二进制代码,即 0 和 1)。这个过程通过编译器和不同的标记、选项完成。运行程序时,连接/转载器软件把用户的程序从硬盘复制到内存中并运行。而用 Python 语言编写的程序不需要编译成二进制代码,可以直接从源代码运行程序。

在计算机内部,Python 解释器把源代码转换成称为字节码的中间形式,然后再把它翻译成计算机使用的机器语言并运行。这使得使用 Python 更加简单,也使得 Python 程序更加易于移植。

（8）面向对象。

Python 既支持面向过程的编程，也支持面向对象的编程，在"面向过程"的语言中，程序是由过程或仅仅是可重用代码的函数构建起来的，在"面向对象"的语言中，程序是由数据和功能组合而成的对象构建起来的。

（9）可扩展性高。

如果需要一段关键代码运行得更快或者希望某些算法不公开，可以部分程序用 C 语言或 C++ 语言编写，然后在 Python 程序中使用它们。

（10）可嵌入性。

可以把 Python 嵌入 C/C++ 程序，从而向程序用户提供脚本功能。

（11）丰富的库。

Python 标准库确实很庞大，它可以帮助处理各种工作，包括正则表达式、文档生成、单元测试、线程、数据库、网页浏览器、CGI、FTP、电子邮件、XML、XML-RPC、HTML、WAV 文件、密码系统、GUI（图形用户界面）、Tk 和其他与系统有关的操作。这就是所谓 Python 的"功能齐全"理念。除了标准库以外，还有许多其他高质量的库，如 wxPython、Twisted 和 Python 图像库等。

（12）规范的代码。

Python 采用强制缩进的方式使得代码具有较好的可读性，而且用 Python 语言编写的程序不需要编译成二进制代码。

2. Python 的缺点

任何语言都有许多不能实现的事务，Python 具有三大缺点。

（1）单行语句和命令行输出问题。很多时候不能将程序连写成一行，例如

```
import sys;
for i in sys.path:print i
```

而 Perl 和 Awk 就无此限制，可以较为方便地在 Shell 下完成简单程序，不需要像 Python 一样，必须将程序写入一个 py 文件。

（2）Python 具有独特的语法。这也许不应该被称为局限，但是它用缩进来区分语句关系的方式还是给很多初学者带来了困惑。即便是很有经验的 Python 程序员，也可能陷入陷阱当中。

（3）运行速度慢。这里是指与 C 语言和 C++ 语言相比。

3.3.3 Python Pandas——数据清洗

数据缺失在大部分数据分析应用中都很常见，Pandas 工具使用浮点值 Na 表示浮点和非浮点数组中的缺失数据。

1. 处理 Na 的方法

处理 Na 的方法通常有 3 种：dropna、fillna、is(not)null。

（1）dropna：对于一个 Series，dropna 返回一个仅含非空数据和索引值的 Series。

问题在于 DataFrame 的处理方式，因为一旦 drop 的话，至少要丢掉一行（列）。这里解决方法与前面类似，还是通过一个额外的参数：dropna（axis＝0，how＝'any'，thresh＝None），how 参数可选的值为 any 或者 all，all 仅在切片元素全为 NA 时才抛弃该行（列）。thresh 为整数类型，eg：thresh＝3，表示一行当中至少有 3 个 NA 值时才将其保留。

（2）fillna：fillna（value＝None，method＝None，axis＝0）中的 value 除了基本类型外，还可以使用字典，这样可以对不同列填充不同的值。

（3）is（not）null：这一对方法对对象做出元素级的应用，然后返回一个布尔型数组，一般可用于布尔型索引。

2. 处理流程

（1）过滤数据。

① 对于一个 Series，Dropna 返回一个仅含非空数据和索引值的 Series，处理结果如图 3-2 所示。

```
from pandas import Series,DataFrame
from numpy import nan as NA
data=Series([1,NA,3.5,NA,7])
print(data.dropna())
```

```
D:\Users\yangenneng0\AppData\Local\Programs
0    1.0
2    3.5
4    7.0
dtype: float64

Process finished with exit code 0
```

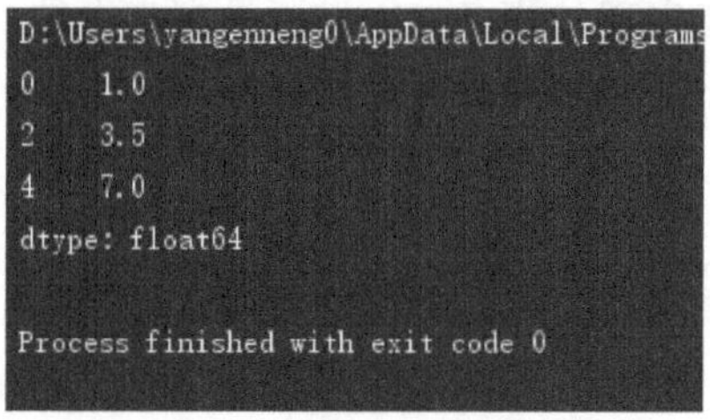

图 3-2　过滤数据显示结果

② 另一个过滤 DataFrame 行的问题涉及问题序列数据。假设只想保留一部分观察数据，可以用 thresh 参数实现此目的，处理结果如图 3-3 所示。

```
from pandas import Series,DataFrame, np
from numpy import nan as NA
data=DataFrame(np.random.randn(7,3))
data.ix[:4,1]=NA
data.ix[:2,2]=NA
print(data)
print("..........")
print(data.dropna(thresh=2))
```

③ 如果不想滤除缺失的数据，而是通过其他方式填补“空洞”，fillna()是最主要的函数。通过一个常数调用 fillna 就会将缺失值替换为那个常数值，处理结果如图 3-4 所示。

```
from pandas import Series,DataFrame, np

from numpy import nan as NA

data=DataFrame(np.random.randn(7,3))

data.ix[:4,1]=NA

data.ix[:2,2]=NA

print(data)

print("..........")

print(data.fillna(0))
```

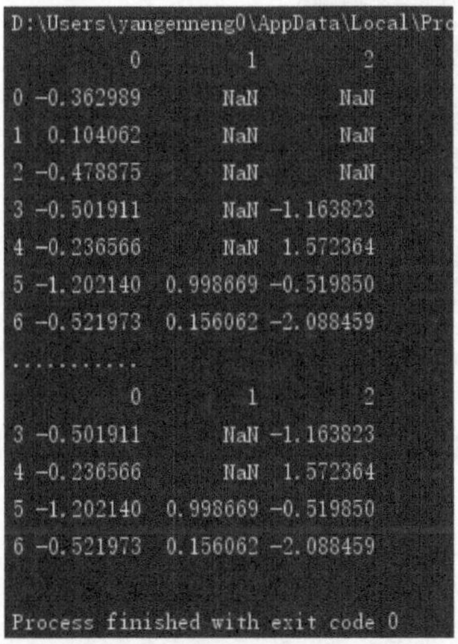

```
D:\Users\yangenneng0\AppData\Local\Pro
          0         1         2
0 -0.362989       NaN       NaN
1  0.104062       NaN       NaN
2 -0.478875       NaN       NaN
3 -0.501911       NaN -1.163823
4 -0.236566       NaN  1.572364
5 -1.202140  0.998669 -0.519850
6 -0.521973  0.156062 -2.088459
..........
          0         1         2
3 -0.501911       NaN -1.163823
4 -0.236566       NaN  1.572364
5 -1.202140  0.998669 -0.519850
6 -0.521973  0.156062 -2.088459

Process finished with exit code 0
```

图 3-3 过滤 DataFrame 行的结果

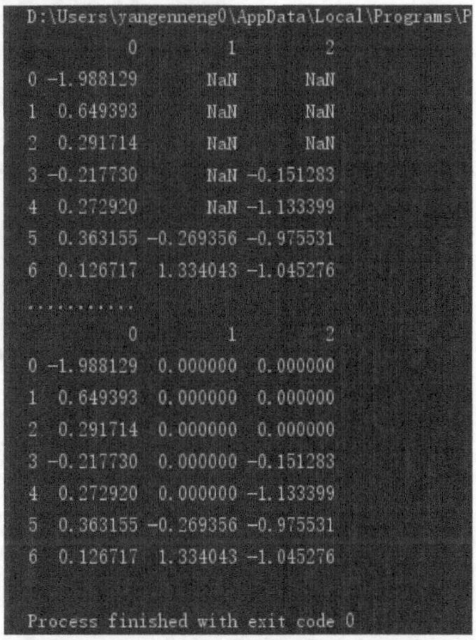

```
D:\Users\yangenneng0\AppData\Local\Programs\P
          0         1         2
0 -1.988129       NaN       NaN
1  0.649393       NaN       NaN
2  0.291714       NaN       NaN
3 -0.217730       NaN -0.151283
4  0.272920       NaN -1.133399
5  0.363155 -0.269356 -0.975531
6  0.126717  1.334043 -1.045276
..........
          0         1         2
0 -1.988129  0.000000  0.000000
1  0.649393  0.000000  0.000000
2  0.291714  0.000000  0.000000
3 -0.217730  0.000000 -0.151283
4  0.272920  0.000000 -1.133399
5  0.363155 -0.269356 -0.975531
6  0.126717  1.334043 -1.045276

Process finished with exit code 0
```

图 3-4 通过 fillna()填补空洞

④ 如果是通过一个字典调用 fillna()，就可以对不同列填充不同的值，处理结果如图 3-5 所示。

```
from pandas import Series,DataFrame, np
from numpy import nan as NA
```

```
data=DataFrame(np.random.randn(7,3))

data.ix[:4,1]=NA

data.ix[:2,2]=NA

print(data)

print("..........")

print(data.fillna({1:111,2:222}))
```

```
D:\Users\yangenneng0\AppData\Local\Programs
          0          1          2
0  0.479313        NaN        NaN
1 -0.527575        NaN        NaN
2 -0.190653        NaN        NaN
3  0.470188        NaN   0.929928
4 -1.534236        NaN   0.642039
5 -0.678035   0.280222   0.648476
6  0.572486  -0.110755  -0.346703
..........
          0          1          2
0  0.479313  111.000000  222.000000
1 -0.527575  111.000000  222.000000
2 -0.190653  111.000000  222.000000
3  0.470188  111.000000    0.929928
4 -1.534236  111.000000    0.642039
5 -0.678035    0.280222    0.648476
6  0.572486   -0.110755   -0.346703

Process finished with exit code 0
```

图 3-5　通过字典调用 fillna()实现填补

⑤ 还可以利用 fillna()实现许多其他功能,比如可以传入 Series 的平均值或中位数,处理结果如图 3-6 所示。

```
from pandas import Series,DataFrame, np

from numpy import nan as NA

data=Series([1.0,NA,3.5,NA,7])

print(data)

print("..........\n")

print(data.fillna(data.mean()))
```

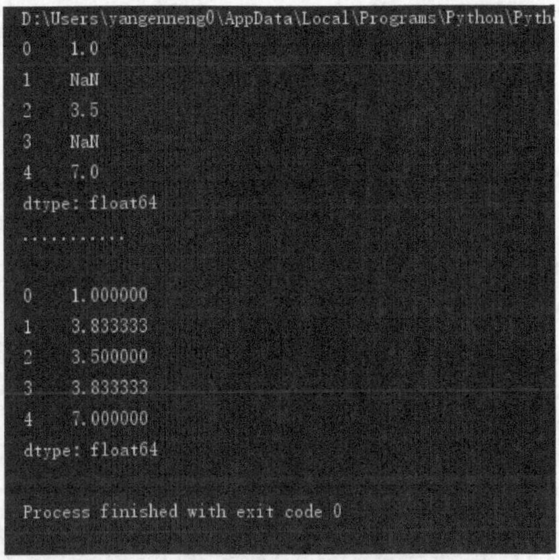

```
D:\Users\yangenneng0\AppData\Local\Programs\Python\Pyth
0    1.0
1    NaN
2    3.5
3    NaN
4    7.0
dtype: float64
..........

0    1.000000
1    3.833333
2    3.500000
3    3.833333
4    7.000000
dtype: float64

Process finished with exit code 0
```

图 3-6 利用 fillna()实现其他功能

(2) 检测和过滤异常值。

异常值(Outlier)的过滤或变换运算在很大程度上就是数组运算。例如,(1000,4)的标准正态分布数组的处理结果如图 3-7 所示。

```
from pandas import Series, DataFrame, np

from numpy import nan as NA

data=DataFrame(np.random.randn(1000,4))

print(data.describe())

print("\n....找出某一列中绝对值大小超过 3 的项...\n")

col=data[3]

print(col[np.abs(col) > 3] )

print("\n....找出全部绝对值超过 3 的值的行...\n")

print(col[(np.abs(data) > 3).any(1)] )
```

(3) 移除重复数据。

① 二维表格型数据结构(DataFrame)的遗传(Duplicated)方法返回一个布尔型 Series,表示各行是否是重复行,处理结果如图 3-8 所示。

```
D:\Users\yangenneng0\AppData\Local\Programs\Python\Python35-32\pythonw.exe E:/Python/P
                    0            1            2            3
count    1000.000000  1000.000000  1000.000000  1000.000000
mean       -0.028881    -0.015141    -0.012007    -0.003921
std         1.020853     1.010392     0.981486     1.001252
min        -3.351586    -3.183492    -3.019188    -3.324933
25%        -0.706266    -0.702438    -0.659591    -0.626993
50%        -0.021955    -0.009786    -0.000877    -0.016158
75%         0.628255     0.632652     0.644639     0.615060
max         3.772620     3.202535     2.620940     3.629176

....找出某一列中绝对值大小超过3的项...

114    -3.324933
166     3.629176
Name: 3, dtype: float64

....找出全部绝对值超过3的值的行...

114    -3.324933
116    -0.146998
166     3.629176
287     0.196092
324     0.089008
756    -0.285902
808     1.765900
849     0.714915
```

图 3-7　异常值过滤

```
from pandas import Series,DataFrame, np

from numpy import nan as NA

import pandas as pd

import numpy as np

data=pd.DataFrame({'k1':['one'] * 3+['two'] * 4, 'k2':[1,1,2,2,3,3,4]})

print(data)

print(".......\n")

print(data.duplicated())
```

② 与此相关的还有一个 drop_duplicated()方法,它用于返回一个移除了重复行的
DataFrame,处理结果如图 3-9 所示。

```
from pandas import Series,DataFrame, np
```

```
from numpy import nan as NA

import pandas as pd

import numpy as np

data=pd.DataFrame({'k1':['one'] * 3+['two'] * 4, 'k2':[1,1,2,2,3,3,4]})

print(data)

print("........\n")

print(data.drop_duplicates())
```

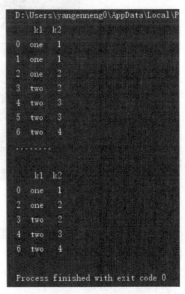

图 3-8 移除重复数据(1)   图 3-9 移除重复数据(2)

③ 上面两个方法会默认判断全部列,也可以指定判断部分列的重复项,假设还有一列值,而只希望根据 k1 列过滤重复项,处理结果如图 3-10 所示。

```
from pandas import Series,DataFrame, np

from numpy import nan as NA

import pandas as pd

import numpy as np
```

```
data=pd.DataFrame({'k1':['one'] * 3+['two'] * 4, 'k2':[1,1,2,2,3,3,4]})

data['v1']=range(7)

print(data)

print("........\n")

print(data.drop_duplicates(['k1']))
```

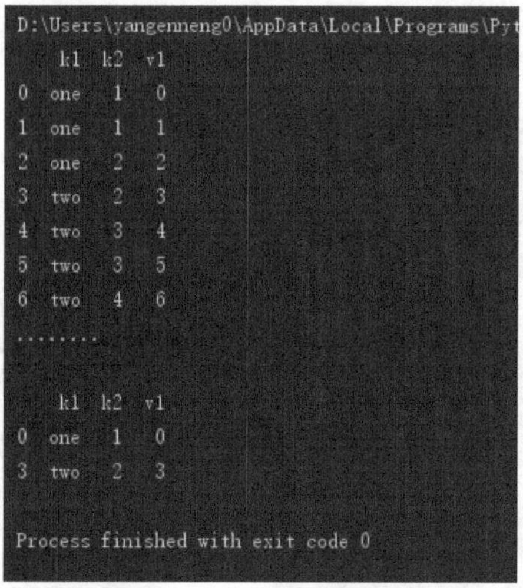

图 3-10　移除重复数据(3)

④ duplicates 和 drop_duplicates 默认保留第一个出现的值组合,传入 take_last＝ True 则保留最后一个,处理结果如图 3-11 所示。

```
from pandas import Series,DataFrame, np

from numpy import nan as NA

import pandas as pd

import numpy as np

data=pd.DataFrame({'k1':['one'] * 3+['two'] * 4, 'k2':[1,1,2,2,3,3,4]})

data['v1']=range(7)
```

```
print(data)

print("........\n")

print(data.drop_duplicates(['k1','k2'],take_last=True))
```

```
D:\Users\yangenneng0\AppData\Local\P
     k1  k2  v1
0   one   1   0
1   one   1   1
2   one   2   2
3   two   2   3
4   two   3   4
5   two   3   5
6   two   4   6
........

E:/Python/PyCharm-WorkSpace/PythonAp
  print(data.drop_duplicates(['k1',
     k1  k2  v1
1   one   1   1
2   one   2   2
3   two   2   3
5   two   3   5
6   two   4   6

Process finished with exit code 0
```

图 3-11　移除重复数据(4)

3.4　数据转换工具

3.4.1　Data Stage

1. Data Stage 的特性

Data Stage 是在构建数据仓库过程中进行数据清洗、数据转换的一套工具。
它的工作流程如图 3-12 所示。

图 3-12　Data Stage 工作流程

Data Stage 包括设计、开发、编译、运行及管理等整套工具。运用 Data Stage 能够对
来自一个或多个不同数据源中的数据进行析取、转换,再将结果装载到一个或多个目的

库中。

通过 Data Stage 的处理,用户最终可以得到分析和决策支持所需的及时且准确的数据及相关信息。

Data Stage 支持不同种类的数据源和目的库,它既可以直接从 Oracle、Sybase 等各种数据库中存取数据,也可以通过 ODBC 接口访问各种数据库,还支持 Sequential file 类型的数据源。这一特性使得多个数据源与目标的连接变得非常简单,可以在单个任务中连接多个甚至是无限个数据源和目标。

Data Stage 自带超过 300 个预定义库函数和转换,即便是非常复杂的数据转换,也可以很轻松地完成。它的图形化设计工具可以控制任务执行,而无需任何脚本。

2. Data Stage 的架构

Data Stage 采用 C/S 模式工作,其结构如图 3-13 所示。

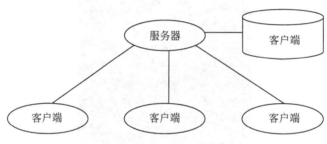

图 3-13　Data Stage 结构

Data Stage 支持多种平台,其 Server(服务器)端可运行于 Windows 2000、Windows NT、COMPAQ Tru64、HP-UX、IBM AIX、Sun Solaris;Client(客户)端支持以下平台:Windows 95、Windows 98、Windows Me、Windows NT、Windows 2000。

3. 功能介绍

Data Stage 的 Server 端由 Repository、DataStageServer 和 DataStagePackageInstaller 3部分组成,Client 端则由 DataStageManager、DataStageDesigner、DataStageDriect 和DataStageAdministrator 4 部分组成,各个部分的主要功能如下。

* Repository,中央存储器,用于存放构造数据集市或数据仓库所需的全部信息。
* DataStageServer,运行 DataStageDirector 控制下的可执行任务,将萃取出来的数据转换后加载到数据仓库中。
* DataStagePackageInstaller,用来安装 Data Stage 任务包和插件的用户接口。
* DataStageManager,用于查看和编辑中央存储器中组件的用户接口。
* DataStageDesigner,用于创建可执行任务的图形化工具。
* DataStageDriect,用于验证、定时及监控任务运行的用户接口。
* DataStageAdministrator,用于创建 Data Stage 的用户,控制净化标准以及安装 NLS 的用户接口。

4. 设计流程简介

Data Stage 的可执行应用的最小单位为"任务",创建一个任务通常需要经过以下 3 个步骤。

(1) 通过 DataStageManager 将需要萃取和转换的元数据定义好,并把要用到的数据源引入 Repository 中。

(2) 运用图形化工具 DataStageDesigner 设计数据转换的规则和顺序,这一工具功能强大,而且操作非常简单,自带了超过 300 个预定义的库函数和转换,可以实现一些非常复杂的转换而无须书写太多的脚本。对于多个需要遵循一定顺序进行转换的任务,也可以通过它来定义执行的顺序,还可以通过它来定义对运行结果的处置(以 FTP 或者 E-mail 的形式发送处理结果等)。对于设计好的任务,可以进行编译和调试,在任务运行过程中跟踪任务处理,使校验任务的设计和修正逻辑错误更简单。

(3) 通过 DataStageDirector 执行编译好的任务,可以在执行运行前校验任务,也可以在运行前定义运行结束前停止的条件。在这里还可以制定运行的时间表,定时自动运行任务。任务运行日志详细记录了任务运行情况,包括运行时间、运行过程中执行的操作,以及完成情况。对于出错任务,任务运行日志提供了恢复和诊断机制。DataStageDesigner 中设计的转换只有经 DataStageDirector 运行后才能真正执行。

创建一个任务通常需要很多组件,其中包括设计器、存储管理器、控制器、管理器、服务器等。

- 设计器,是一个强大的、基于图形用户界面(GUI)的开发工具,包含一个转换引擎、一个元数据存储和两种编程语言(SQL 和 Basic)。使用设计器的拖拉功能,用户能在准备数据集市中建立一个数据转换过程模型,防止操作系统中断及避免执行错误。

- 存储管理器,在开发数据集市的过程中,使用存储管理器浏览、编辑和输入元数据。这可能包括来自操作系统的元数据、目标集市和开发项目中新的元数据(如新的数据类型定义、传输定义和商业规则)。

- 控制器,使用控制器和运行引擎来规划运行中的解决方案,测试和调试它的组件,并监控执行版本的结果(以特别要求或预定为基础)。

- 管理器,管理器简化数据集市的多种管理。使用管理器来分配权限给用户或用户组(控制 Informix Data Stage 客户应用或他们看到的或执行的工作),建立全局设置(例如,用于自动清除日志文件的缺省设置),移动、重命名或删除项目和管理或发布从开发到生产的状态。

- 服务器,Informix 在服务器方面的强大技术背景使得 Informix 的 Server 具备了很高的性能:高速转换引擎、临时的数据存储、支持 legacy 及关系数据结构、强大的预定义转换等。另外,Informix Data Stage 服务器通过优化多个处理器平台来强化可伸缩性,支持多种数据输入/输出方法,容易添加新的数据源及转换方法。

Informix Data Stage 是一个可以从多种数据来源抽取数据并将其装载到数据仓库的功能强大、性能可靠的工具。

Ascential Software Data Stage 是业界优秀的数据抽取、转换和装载产品,作为系统的数据集成平台,可以将企业各个业务系统面向应用的数据重新按照面向统计分析的方式组织,解决数据不一致、不完整等影响统计分析的问题。它的优势主要在于:能够连接和集成各种数据源,甚至包括大型主机;在数据的抽取和转换中可定义灵活的数据处理过程,满足在 BI 应用中业务数据和分析数据之间的巨大差异;将数据集成本身当作可定制的应用系统来处理,对数据转移的全过程采用专门的元数据进行控制。图形化的"拖-拉"数据处理界面;自动化的数据转移调度。

3.4.2　Kettle

Kettle 是一个开源的 ETL 项目,项目名直译为"水壶",按项目负责人 Matt 的说法,就是把各种需要处理的数据放到一个未知的水壶中,按照一定的规则进行分析处理,最终以一种希望的格式流出。Kettle 的结构主要包括三大块。

- Spoon:转换/工作(Transform/Job)设计工具(GUI 方式)。
- Kitchen:工作(Job)执行器(命令行方式)。
- Span:转换(Trasform)执行器(命令行方式)。

Kettle 是一款国外开源的 ETL 工具,纯 Java 编写,绿色软件无须安装,数据抽取高效稳定。Kettle 中有两种脚本文件:Transformation 和 Job,Transformation 完成针对数据的基础转换,Job 则完成整个工作流的控制。

1. Kettle 的概念

Kettle 是业界有名、开源的 ETL 工具,项目的名称很有意思,叫作水壶。按项目开发者的说法:把各种数据放到一个壶里,然后,以一种希望的格式流出。

Kettle 是 Pentaho 中的 ETL 工具,Pentaho 是一套开源 BI 解决方案,Kettle 纯 Java 编写,可以在 Windows、Linux、UNIX 上运行,绿色软件无需安装。

Kettle 作为 ETL 的常用工具集,允许用户管理来自不同数据库中的数据,提供图形化的用户界面,进而描述出想做什么,而非想怎么做。它作为 Pentaho 的一个重要组成部分,现如今在国内应用逐渐增多。

2. Kettle 的历史

Kettle 是 Pentaho 数据整合(Pentaho Data Integeration,PDI)的前称,它的作者是 Matt,Matt 在 2003 年就开始着手这个项目。从版本 2.2 开始,Kettle 项目进入开源领域,并遵守 GUN 宽通用公共许可证 GUN(Lesser General Public License,LGPL)协议。

2006 年版本:Kettle 2.2、Kettle 2.3(Kettle 项目进入开源领域,协议遵守 LGPL)。

2007 年版本:Kettle 2.4、Kettle 2.5(加入 Pentaho,更名为 PDI)。

2008 年版本:Kettle 3.0、Kettle 3.1。

2009 年版本:Kettle 3.2(该版本比较稳定,且使用时间较长)。

2010 年版本:Kettle 4.0、Kettle 4.1。

2011 年版本:Kettle 4.2。

2012 年版本:Kettle 4.3、Kettle 4.4(协议变为 Apache 2,且支持大数据)。

2013 年版本：Kettle 5.0、Kettle 5.1(Hadoop 分布式的 YAM 的支持)。

2014 年版本：Kettle 5.2(支持 CDH 5.1 和 HDP 2.1)。

2015 年版本：Kettle 5.3、Kettle 5.4(Spark,SAP HANA 支持)。

2016 年版本：Kettle 6.0、Kettle 6.1。

2017 年版本：Kettle 7.0、Kettle 7.1(增强对 Spark 的支持、提高大数据安全、扩展元数据注入支持、提高对 Repository 的管理、敏捷 BI 插件、AEL 支持、提升系统操作性)。

3. Kettle 的主要特点

Kettle 从 2007 年后受到越来越多的关注,其使用范围也逐渐扩大,这主要源于其可靠的性能和图形化设计,Kettle 的主要特点如下。

(1) 多种方式应用集成。

(2) 插件架构扩展性好。

(3) 全面的数据访问支持。

(4) 多平台支持。

(5) 商业/社区支持。

(6) 全面优化,高效稳定。

(7) 流程式设计,方便取用。

4. 主要框架

Kettle 框架主要包括 UI 层、核心层和数据源层,如图 3-14 所示,在这三大结构层中,核心层最为主要,其中包括一些核心组件和一些协议等;UI 层为用户显示;数据源层用于

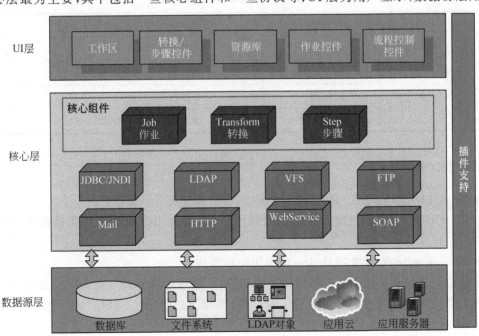

图 3-14　Kettle 框架

输入和存储数据源。

5. Transformation 组件

Transformation 中的节点主要有 Main Tree、DB 连接、Steps、Hops，下面分别介绍这些节点。

- Main Tree，菜单列出 Transformation 中的基本属性，可以通过各个节点查看。
- DB 连接，显示当前 Transformation 中的数据库连接，每个 Transformation 的数据库连接都需要单独配置。
- Steps，一个 Transformation 中应用到的环节列表。
- Hops，一个 Transformation 中应用到的节点连接列表。

核心对象菜单列出 Transformation 中可以调用的环节列表，主要包括 Input、Output、Lookup、Transform、Joins、Scripting，可以通过鼠标拖动的方式添加环节。

- Input，输入环节。
- Output，输出环节。
- Lookup，查询环节。
- Transform，转化环节。
- Joins，连接环节。
- Scripting，脚本环节。

其中，Transform（转换环节）是重点学习的环节，Kettle 关于此环节的功能如表 3-1 所示。

表 3-1　Transform 功能表

	字段选择	选择需要字段，过滤无用字段
	过滤记录	根据条件对记录进行分类
Transform	排序记录	将数据根据某一条件进行排序
	空操作	无操作
	增加常量	增加需要的常量字段

6. Job 组件

Main Tree 菜单列出 Job 中的基本属性，可以通过各个节点查看。

（1）DB 连接，显示当前 Job 中的数据库连接，每个 Job 的数据库连接都需要单独配置。

（2）Job entries/作业项目，Job 中引用的环节列表。

核心对象菜单列出 Job 中可以调用的环节，可以通过鼠标拖动的方式添加环节。每个环节都可以通过鼠标拖动添加到主窗口中，并可通过"Shift＋鼠标"进行拖动，实现环节之间的连接。

3.4.3　Informatica PowerCenter

1. Informatica PowerCenter 的概念

Informatica PowerCenter 是 Informatica 公司开发的世界级的企业数据集成平台,也是业界领先的 ETL 工具。Informatica PowerCenter 使用户能够方便地从异构的已有系统和数据源中抽取数据,用来建立、部署、管理企业的数据仓库,从而帮助企业做出快速、正确的决策。此产品为满足企业级要求而设计,可以提供企业部门的数据和电子商务数据源之间的集成,如 XML、网站日志、关系型数据、主机和遗留系统等数据源。此平台性能可以满足企业分析最严格的要求。

2. Informatica PowerCenter 的作用

Informatica PowerCenter 是建立可伸缩和可扩展的 Informatica 数据集成平台的核心和基础。与 Informatica PowerConnect 产品一起使用,Informatica PowerCenter 可以提供对广泛的应用和数据源的支持,包括对 ERP 系统(如 Oracle、PeopleSoft、SAP)、CRM 系统(如 Siebel)、电子商务数据的支持(如 XML、MQ Series),遗留系统和主机数据。Informatica PowerCenter 是突出的分析性数据集成平台。

Informatica PowerCenter 是一个可以使大的企业或组织能够按其复杂的业务信息需求,读取、转换、集成遗留系统、关系型 ERP、CRM、消息信息和电子商务数据的数据集成平台。

3. Informatica PowerCenter 的主要特点

(1) 数据整合引擎。

Informatica PowerCenter 拥有功能强大的数据整合引擎,所有的数据抽取转换、整合、装载功能都在内存中执行,不需要开发者手工编写这些过程的代码。Informatica PowerCenter 数据整合引擎是由元数据驱动的,通过知识库和引擎的配对管理,可以保证数据整合过程最优化执行,并且使数据仓库管理员比较容易对系统进行分析管理,从而适应剧增的数据装载和用户群。

(2) 积极的元数据管理。

Informatica PowerCenter 充分利用元数据来驱动数据整合过程,它提供了一个单一的由元数据驱动的知识库,与数据整合引擎协同运作,并且使关键的整合过程能被简单定义、修改、重用,从而提高开发生产力并缩短部署周期。

(3) 支持多数据源。

通过辅助产品 Informatica PowerConnect 支持特殊数据源和格式,包括 SAP、Siebel、PeopleSoft、AS400 等。对于 e-business 格式的数据,可以直接通过分析 DTD 或 XML 格式数据文件来实现。

(4) 高性能的运行功能。

Informatica PowerCenter 将设计和运行环境的性能特性分离,提供了较好的灵活性,不需要重新编码,吞吐量可以通过服务器、并行引擎管理、最优化 CPU 资源等方式调整,以尽快处理任务。数据高效并行功能(Data Smart Parallelism)使用户可以自定义分区,提供最优化的数据并行处理。Informatica PowerCenter 提供了一个非编码的图形化设计工具,方便用户调试使用。

(5)分布式体系结构。

作为企业级核心数据整合引擎,Informatica PowerCenter 可以单独部署,也可以在分布式体系结构中部署。如果在分布式体系结构中部署,Informatica PowerCenter 就要协调和管理多个基于主题的数据集市,而这些数据集市是在局域网或广域网内由 Informatica PowerMart 或 Informatica PowerCenter 引擎执行的。

(6)安全的数据整合。

PowerCenter for Remote Data 是 Informatica PowerCenter 的一个分布式数据整合选项,提供了高性能、安全的、投资回报率高的方法,使用户可以跨广域网与合作伙伴、供应商以及其他远程数据源交换信息。

3.4.4 ETL Automation

在数据仓储(Data Warehousing)环境的建置过程中,ETL Automation 机制的好坏不但在建设初期会决定数据仓储案子是否能够顺利进行,还会影响到系统后续的维护性。

ETL 是指 Extraction、Transformation 和 Loading。Extraction 是指如何将数据从来源端(Source System)中截取出来。Transformation 是指在截取出来的数据格式与数据仓储所需要的数据做转换。Loading 是指将数据加载至数据仓储中。但由于数据仓储涉及的数据来源通常非常多,所需加载的数据量会相当多,所以一个设计完善且容易维护的 ETL Automation 机制对数据仓储项目的进行非常重要。

ETL Automation 机制是指在数据仓储项目中,当作业的执行条件满足时,就能够自动执行作业。这其中包含了可能需要接收一些档案来做数据加载工作的作业,或者是做一些数据整合的作业,而作业在执行时可能还会有一些条件限制及其他功能。

3.4.5 SSIS

1. SSIS 概述

SSIS(Microsoft SQL Server Intergration Services),最初是在 1997 年的 SQL Server 7.0 中引入的,当时它的名称为数据转换服务(DTS)。SSIS 属于 ETL 产品家族。现在,越来越多的企业都有数据仓库。ETL 是将来自 OLTP 数据库的数据定期加载到数据仓库中必不可少的工具。在 SQL Server 的前两个版本——SQL Server 7.0 和 SQL Server 2000 中,SSIS 主要功能集中于提取和加载。使用 SSIS,可以从任何数据源中提取数据以及将数据加载到任何数据源中。在 SQL Server 2005 中,对 SSIS 进行了重新设计和改进。SSIS 提供控制流和数据流。控制流也称为工作流或者任务流,它更像工作流,在工作流中每个组件都是一个任务。这些任务是按预定义的顺序执行的。在任务流中可能有分支。当前任务的执行结果决定沿哪条分支前进。数据流是新的概念。数据流也称为流水线,主要解决数据转换的问题。数据流由一组预定义的转换操作组成。数据流的起点通常是数据源(源表);数据流的终点通常是数据的目的地(目标表)。可以将数据流的执行看成是流水线的过程,在该过程中,每一行数据都是装配线中需要处理的零件,而每一个转换都是装配线中的处理元。

2. SSIS 的构成

Integration Services 包括用于生成和调试包的图形工具和向导;用于执行工作流函数(如 FTP 操作)、执行 SQL 语句或发送电子邮件的任务;用于提取和加载数据的数据源和目标;用于清理、聚合、合并和复制数据的转换;用于管理 Integration Services 的管理服务、Integration Services 服务,以及用于对 Integration Services 对象模型编程的应用程序编程接口(API)。

3. SSIS 的特色

可视化环境和强大的参数设置功能。

4. SSIS 的功能

SSIS 提供一系列支持业务应用程序开发的内置任务、容器、转换和数据适配器。用户无须编写代码,就可以创建 SSIS 解决方案来使用 ETL 和商业智能解决复杂的业务问题,管理 SQL Server 数据库以及在 SQL Server 实例之间复制 SQL Server 对象。

5. SSIS 的典型用途

(1) 合并来自异类数据存储区的数据。
(2) 填充数据仓库和数据集市。
(3) 清除数据和将数据标准化。
(4) 将商业智能置入数据转换过程。
(5) 使管理功能和数据加载自动化。

3.4.6　几种工具之间的比较

以上几种 ETL 工具的优缺点如表 3-2 所示。

表 3-2　ETL 工具分析

工　具		优　点	缺　点
主流工具	Data Stage	内嵌 Basic 语言类,其灵活性可通过批处理增强,每个 Job 可设定参数,且可内部引用	图形化界面不易改动
	PowerCenter	将元数据保存在数据库中,容易被访问	图形化界面不易改动,无内嵌 Basic 语言类,参数需人为更新,参数名不能被引用
	Automation	提供了一套 ETL 框架,利用 Teradata 数据仓库本身的并行处理能力	缺乏对元数据的管理,且配置较为复杂
	Kettle	上手容易,且部署相比简单	数据处理能力表现不足
自主开发		相比主流工具的购买,成本较低	各种语言并存,没有框架可言,且运维难度较大

在数据集成中该如何选择 ETL 工具呢？一般来说需要考虑以下几个方面。

（1）对平台的支持程度。

（2）对数据源的支持程度。

（3）抽取和装载的性能是不是较高，且对业务系统的性能影响大不大，倾入性高不高。

（4）数据转换和加工的功能强不强。

（5）是否具有管理和调度功能。

（6）是否具有良好的集成性和开放性。

3.5 实验任务——Kettle 的分类安装及案例分析

3.5.1 Kettle 的分类安装

1. Kettle 下载

可以登录 Kettle 官网下载最新的 Kettle 软件，Kettle 是绿色软件，下载后，解压到任意目录即可。由于 Kettle 采用 Java 编写，因此本地需要有 JVM 的运行环境。安装完成之后，单击目录下面的 kettle.exe 或者 spoon.bat，即可启动 Kettle。在启动 Kettle 时，会弹出对话框，让用户选择建立一个资源库。

资源库是用来保存转换任务的，用于记录用户的操作步骤和相关的日志、转换、Job 等信息。用户通过图形界面创建的转换任务可以保存在资源库中。资源库可以是各种常见的数据库，用户通过用户名/密码来访问资源库中的资源，默认的用户名/密码是 admin/admin。资源库并不是必须的，如果没有资源库，用户还可以把转换任务保存在 XML 文件中。

2. Kettle 环境变量配置

由于 Kettle 是用 Java 语言编写，所以要首先配置好 Java 的编辑变量；其次，在系统的环境变量中添加 KETTLE_HOME 变量，目录指向 Kettle 的安装路径。

3.5.2 案例分析——利用 Kettle 处理错误代码行

本案例读取目录下的.log 文件，找出其中包含错误代码的行，并统计个数。

1. 新建 Transformation

（1）获取文件名设置。

已选择的文件名称的变量都需要手写，可以单击显示文件名和预览记录检查是否配置正确。

（2）文本文件输入设置。

在文本文件输入选项中，选择从上一步骤获取文件名，其中，"输入"框里的字段被当作文件名一栏输入 URI。文件类型选择 CSV，分隔符自己定义，格式为 mixed，编码方式选择 UTF-8，并且需要手写 str 名称，设置类型为 String。

（3）获取字符串设置。

在字符串操作页面,可以设置字符串操作的名称和查看字符串设置的一些信息。

（4）测试脚本设置。

单击获取变量和测试脚本来测试脚本的正确性,下面通过一段测试代码来检验脚本的正确性。

```
var count=0;
if(str.getString().indexOf("{")>=0){
    var begin=string2num(str.getString().indexOf("{")
    var end=str2num(str.getString().lastIndexOf(")"))
    var jsonstr=str.substr(begin.end+1)
    var json-eval("("+jsonstr+")")
    var errcode=json.msg.code
if(errcode.indexOf("01-000")>=0||errcode.indexOf("01-300")>=0||errcode.
indexOf("01-500")>=0||errcode.indexOf("01-500:50:1")
||errcode.indexOf("5203")>=0||errcode.indexOf("5206")>=0||errcode.indexOf
("5224")>=0||errcode.indexOf("5225")>0)
}
else{
    var jsonstr=""
    count=0
}
```

（5）聚合记录。

聚合记录就是将上一步的结果进行聚合,这里的名称字段是单击获取字段获取的,而不是自己输入的,new name 一列是制定新名称,可以自己输入名称。

（6）文本文件输出设置。

其中字段属性的设置名称字段是单击获取字段自动获取的,不是输入的。

（7）行日志显示。

通过以上各步骤,可以得到结果日志,如图 3-15 至图 3-17 所示。

图 3-15　运行日志显示(1)

```
017/10/20 16:08:56 - JavaScript代码 2.0 - 行号 4000000
017/10/20 16:08:56 - 聚合记录 2.0 - 记录行数 4000000
017/10/20 16:08:58 - 文本文件输入 2.0 - 完成处理 (I=4029564, O=0, R=1, W=4029564, U=0, E=0
017/10/20 16:08:58 - 字符串操作 2.0 - 完成处理 (I=0, O=0, R=4029564, W=4029564, U=0, E=0
017/10/20 16:08:58 - JavaScript代码 2.0 - 完成处理 (I=0, O=0, R=4029564, W=4029564, U=0, E=0
017/10/20 16:08:58 - 聚合记录 2.0 - 完成处理 (I=0, O=0, R=4029564, W=1, U=0, E=0
017/10/20 16:08:58 - 文本文件输出 2 2.0 - 完成处理 (I=0, O=1, R=1, W=1, U=0, E=0
017/10/20 16:08:58 - Spoon - 转换完成!!
017/10/20 17:10:42 - Spoon - Spoon
017/10/20 17:10:52 - Spoon - Spoon
017/10/20 17:11:01 - Spoon - Spoon
017/10/20 17:11:24 - Spoon - Spoon
017/10/20 17:11:26 - Spoon - Spoon
017/10/20 17:11:31 - Spoon - Spoon
017/10/20 17:12:07 - Spoon - Spoon
017/10/20 17:15:53 - Spoon - 正在开始任务...
017/10/20 17:15:56 - Spoon - 任务已经结束.
017/10/21 08:47:55 - Spoon - Spoon
```

图 3-16　运行日志显示(2)

执行结果

执行历史 | 日志 | 步骤度量 | 性能图 | Metrics | Preview data

#	步骤名称	复制的记录行数	读	写	输入	输出	更新	拒绝	错误	激活	时间	速度 (条记录/秒)	Pri/in
1	获取文件名2	0	0	1	0	0	0	0	0	已完成	0.0s	1,000	
2	文本文件输入 2	0	1	4029564	4029564	0	1	0	0	已完成	5mn 10s	12,998	
3	字符串操作 2	0	4029564	4029564	0	0	0	0	0	已完成	5mn 10s	12,998	
4	JavaScript代码 2	0	4029564	4029564	0	0	0	0	0	已完成	5mn 10s	12,997	
5	聚合记录 2	0	4029564	1	0	0	0	0	0	已完成	5mn 10s	12,997	
6	文本文件输出 2 2	0	1	1	0	1	0	0	0	已完成	5mn 10s	0	

图 3-17　运行日志显示(3)

2. 建立 Job——转换组件设置

(1)将上一步保存的"＊.ktr"添加到转换名文件路径中,如图 3-18 所示。

图 3-18　转换组件设置

(2)单击 START 按钮,进行下一步,如图 3-19 所示。

(3)生成日志,如图 3-20 所示。

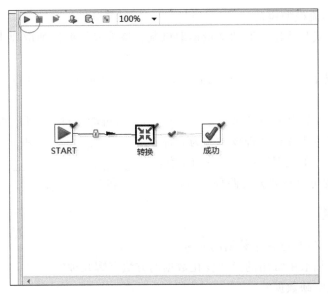

图 3-19　运行结构

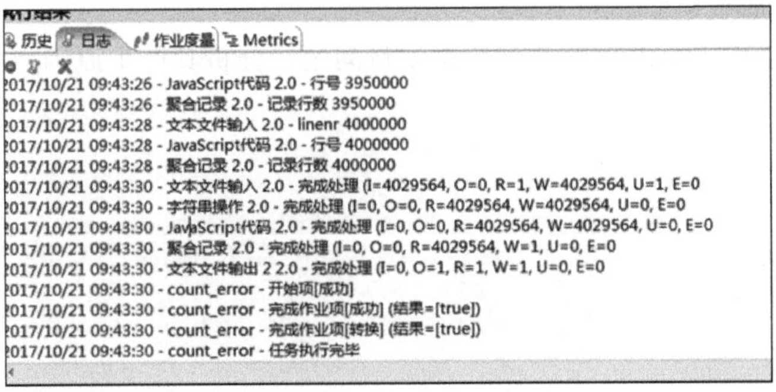

图 3-20　生成日志

3.6　小　　结

本章主要对 ETL 的 T 过程进行详细分析,包括就其数据格式,以及列举常见数据格式之间的转换;数据转换的方法及其关联性;当前几大主流 ETL 工具及其优劣性和 ETL 的选择;数据清洗;最后对 Kettle 做了深入说明,并以此工具进行案例分析。在接下来的一章中,将学习 ETL 的最后一个过程 L。

3.7　习　　题

一、填空题

1. ETL 过程主要包括 3 个部分:_____、_____和数据加载。

2. ETL 工作流模型包括_____和_____两部分。

3. 触发器方式是普遍采取的增量抽取机制。该方式是根据抽取要求,在要被抽取的源表上建立_____、_____和_____ 3 个触发器。

4. 一般情况下,在一个 ETL 流程中,_____总是最先被执行,_____最后被执行。

5. 数据质量问题既有可能来自于_____,又有可能来自于 ETL 的_____。

6. 基本的多线程并行处理技术分为 3 种:_____、_____和_____。

7. ETL 过程中的数据质量问题分为 4 类:_____、_____、_____和_____。

8. ETL 过程可以被划分为两种类型:_____和_____。

二、简答题

1. 如何保障 ETL 过程中数据的质量?

2. 增量数据抽取中常用的捕获变化数据的方法有哪几种?

3. 如何处理空缺数据?

4. 如何处理噪声数据?

5. 简述数据加载操作。

6. 在 ETL 过程中会出现哪几类数据质量问题?分析其产生原因。

数据加载

学习计划：

- 了解数据加载的基本概念
- 掌握如何创建数据仓库的方法
- 了解数据加载的基本流程
- 了解 MyCat 加载技术
- 了解 SQL 加载和数据流加载

在第 2 章和第 3 章中，我们介绍了 ETL 的前两个过程，对 ETL 过程有了更深入的理解，也逐渐认识到了大数据的奥秘之处。本章学习 ETL 的最后一个过程（L 过程），学习完本章，读者将大致了解数据加载的过程，在数据加载过程中了解到数据仓库的建设，通过 SQL、MyCat、数据流等方式对数据进行加载，并且可以应用本章的知识结合前面的方法处理生活中的一些案例。

4.1 数据加载

4.1.1 数据加载的概念

源数据经过数据抽取、数据转换和加工后，加载到目标数据（仓）库中，此过程为 ETL 的最后步骤。数据加载的最佳方式取决于所执行操作的数据类型及装入数据的容量。一般来说，当目标数据（仓）库是关系数据库时，有两种加载方式。

（1）直接通过 SQL 语句进行增（Insert）、删（Delete）、改（Update）等操作。

（2）采用批量加载方式，如编写接口 API。

在大多数情形下，均采用第一种方式进行数据加载，且在该方式下，数据是可恢复的。由于数据量足够大，采用批量加载，该方式易于使用，针对大数据效率极高。但是在实际应用中，可根据实际情况选择合适的数据加载方式。

4.1.2 数据加载机制

将处理后的数据加载到数据库中，可分为全量加载（更新）和增量加载（更新），具体地，全量加载是指全表删除后再进行数据加载；增量加载是指目标表仅更新源表变化的数据。

从技术上讲，全量加载相比增量加载更加简单，只需在数据加载之前，清空目标表中的数据,再将全量数据导入目标数据表中即可。但在大多数情形下,没有必要修改全量数据,只需要修改部分数据即可,考虑到数据的实时性,常使用增量加载机制。

增量加载方式的难度在于,必须设计出合理有效的方法从数据源中抽取出发生变化的数据,及受到影响的数据,并将这些数据通过相应的逻辑转换,再更新加载到数据仓库中。增量加载机制的好坏还会影响更新到目标数据仓库中的数据质量,进而影响决策。

1. 增量加载机制

ETL 增量加载主要有以下几种方式。

- 系统日志分析方式。
- 触发器方式。
- 时间戳方式。
- 全表比对方式。
- 源系统增量数据直接或者转换后加载。
- 日志表方式。
- 特定数据库的方式。

2. 全量加载机制

ETL 全量加载主要有以下两种方式。

- 刷新方式:数据仓库中只加载最新的数据,将原来的旧数据完全删除。
- 全表删除方式。

4.2 数据加载技术

4.2.1 加载技术

现在许多数据处理基本都涉及大数据,面对如此海量的数据,应采取何种加载技术呢?传统上采取的方案是按照记录级进行加载,此种加载海量数据的方式实现较为简单,但加载效率极低,耗时较长,越来越不适应现在的需求。第二种加载思路是将数据库中的数据转为专用的中间格式数据的形式,进而将此中间格式的数据批量加入内存数据库中,该种加载方式较为复杂,但可对数据进行批量加载,耗时相对较短,总体效率相对较高,将逐步替代传统加载方式。

在大部分的项目中,外部数据源与内存数据库引擎并不是一起运行的,这就需要数据加载子系统作为二者之间的中间系统,将存储在外部数据源中的数据首先读取到数据加载子系统中,进而将这些数据转换为内存数据库的内存数据索引,最后将内存数据索引根据实际需要加载到内存数据库引擎中。数据加载子系统由数据加载服务器集群与数据库读取组件组成,其结构如图 4-1 所示。

从图 4-1 可以得知,数据库读取组件运行在源数据库节点上,在系统中最先启动,之后建立与数据库之间的连接,进而获取数据库的基本资料。当域内控制器启动后,可根据

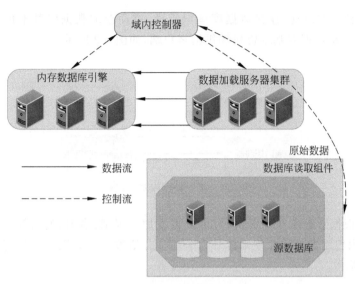

图 4-1　数据加载子系统架构

其配置信息与数据库读取组件建立连接,进而通过数据库读取组件将数据库的基本资料发送至域内控制器中,再由域内控制器负责将此信息分发给各个客户端,显示给用户,最后可根据用户的需要,生成数据加载规则。当用户需要加载数据表时,客户端会把用户需要加载的数据表规则发送给域内控制器,域内控制器进而将数据加载规则拆分为多个数据加载任务,最后将这些子任务分配给数据加载服务器集群。

4.2.2　全量数据加载流程

数据加载子系统的流程主要有:系统启动流程、全量数据加载流程和增量数据加载流程。系统启动流程需要启动各个模块,启动的顺序依次为:启动数据库读取组件→启动域内控制器→需要加载数据时启动数据加载服务器。全量数据加载流程的步骤如下。

(1) 系统启动,通过配置文件信息,数据库读取组件首先建立与数据库间的连接,这里需要通过用户名登录建立连接,如图 4-2 所示。

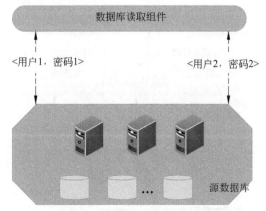

图 4-2　数据库读取组件与数据库建立连接

（2）域内控制器启动，连接数据库读取组件，进而获取数据库基本信息（表名、列名等），域内控制器将数据库基本资料提供给客户端，如图4-3所示。

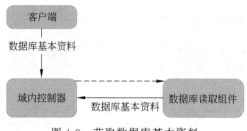

图4-3　获取数据库基本资料

（3）用户根据数据库基本资料，可生成数据加载规则（表名、列名等），将规则发给域内控制器，域内控制器再将此规则拆分为子任务分给数据加载服务器集群中的各个子节点，如图4-4所示。

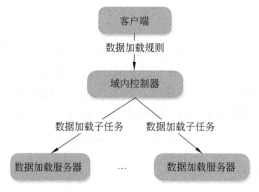

图4-4　下发数据加载规则

（4）各个子节点主动连接数据库读取组件，发送加载规则。

（5）数据库读取组件对规则进行拆分，生成多个数据库读取任务，并批量读取，将读取到的数据发送到相应请求节点，如图4-5所示。

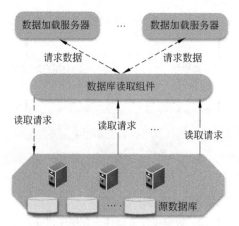

图4-5　数据库读取组件读取数据

（6）数据库加载服务器节点收到来自数据库读取组件发送来的数据后,创建联合索引和行数据表,并向域内控制器请求用于存放联合索引和行数据表的内存数据库引擎节点地址,如图 4-6 所示。

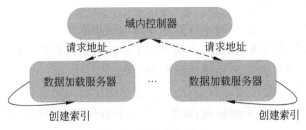

图 4-6　创建数据索引

（7）数据加载服务器节点收到域内控制器发来的节点地址后,将建成的联合索引和行数据表发送给相应节点,同时监考加载过程,若发生错误,就重新发生或者向域内控制器发送失败的信息;当联合索引和行数据表加载完成后,向域内控制器报告当前行数据表加载完成,如图 4-7 所示。如此,一个完整的数据加载过程就完成了。

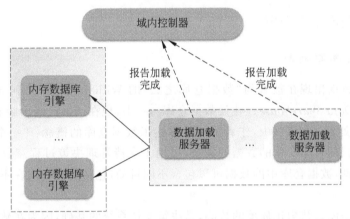

图 4-7　加载数据索引

以上步骤是数据快速加载的基本流程,展示的是数据表全量加载的基本流程,增量数据加载的基本流程和全量加载相似,这里不再赘述。

4.3　数据仓库

随着信息化对人类的影响越来越大,以数据处理为基础的相关技术得到了巨大的发展,正逐渐转向数据分析领域,数据仓库与数据挖掘正是为了构建这种分析处理环境而出现的一种数据存储、组织和处理技术。本章介绍数据仓库的相关概念。

虽然数据仓库与数据库只差一个字,却是两个完全不同的概念,数据库技术于 20 世纪中期产生,是一门研究数据库结构、存储、设计和应用的学科,数据仓库是从数据库基础上发展而来的,数据库经过了近 50 年的发展,已从层次、网状数据库,发展到关系数据库,再到目前的数据仓库等几个阶段。

早期的数据库理论认为所有的数据都应该装载在一个公共的数据源中,所以出现数据库之前,首先出现主文件,但在主文件之间根本没有数据关联,因此,将数据集成为单一的数据源——数据库就出现了。

自数据库出现以来,数据库技术在商业领域的应用取得了巨大的成功,并刺激了其他领域对数据库技术需求的迅速增长,由此推进了面向对象数据库系统、演绎数据库系统和面向空间、工程和科学的数据库系统的研究和发展。

进入数据处理大发展时期以后,旧的数据库结构已经不适应新的用户需求,因此各种数据模型、新的数据库技术不断涌现,如数据仓库和数据挖掘、商务智能、多媒体数据库和 Web 数据库等。

现在,数据仓库已经被认为是一种明智的选择,基于许多不同的理由,人们相信数据仓库就是所要的,近期一项调查显示,公司用于数据仓库和商业智能方面的开销超过了事务处理和在线事务处理(On-Line Transaction Processing,OLTP)方面,这表明数据仓库的成熟期已经到来。数据仓库随着数据库技术和计算机网络的发展而成熟,许多企、事业单位信息化建设的日趋完善,整个人类社会也逐步从信息化时代进入到数据化时代。

4.3.1 数据仓库基本内容

1. 数据仓库的概念

数据仓库首次出现在被誉为“数据仓库之父”的 William H.Inmon(威廉·荫蒙)的 *Building the Data Warehouse*(《建设数据仓库》)一书,现在该书已经出版到第 4 版,并已经译成了多国文字。在该书中,作者第一次描述了数据仓库的概念:“一个面向主题的、集成的、稳定的、随时间变化的数据的集合,以用于支持管理决策过程。”数据仓库包含粒度化的企业数据,数据仓库中的数据可以包含不同目的,包括为我们现在不知道的未来需求做准备。

数据仓库是体系结构化环境的核心,是决策支持系统的基础,因为在数据仓库环境中有单一集成的数据库(数据仓库),并且对数据仓库中的粒度化的偶然能让访问非常容易,以及数据仓库本身就是数据可征用性和一致性的基础,所以,数据仓库环境中的决策支持系统分析员的工作要比传统数据库环境容易得多。

2. 数据仓库的特征

数据仓库主要有四大特性:面向主题、集成、相对持久性和时变性等。

(1)面向主题。

与数据库面向事务不同,数据仓库是面向主题的。所谓主题是指用户关心的重点领域,也就是在管理角度上将信息系统的数据按照某个具体的管理对象进行综合、归类所形成的分析对象。例如,某 IT 公司有软件销售与硬件销售两类业务,在构建软件销售与硬件销售两个管理信息系统时,要分析所有顾客,就需要构建面向顾客主题的数据仓库;要分析所有销售业务,就需要构建面向销售业务的数据仓库;要分析所有销售额,就需要构建面向销售额主题的数据仓库,如图 4-8 所示。

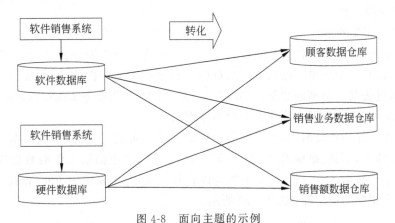

图 4-8　面向主题的示例

从图 4-8 可知,从数据组织的角度看,主题是一些数据集合,这些数据集合对分析对象做了比较完整的、一致的描述,这种描述不仅涉及数据自身,而且涉及数据之间的关系。而面向主题的数据组织方式,就是在较高层次上对分析对象数据的完整、一致的描述,能刻画各个分析对象涉及企业的各项数据,以及数据之间的联系。

操作型数据库(如软件销售系统)中的数据针对事务处理任务(如处理某顾客的软件销售),各个业务系统之间各自分离,而数据仓库中的数据是按照一定的主题组织的。

(2)集成。

与数据库存储单个业务不同,数据仓库是从单位内容已有的数据库系统的数据提取出来集成在一起的,而不是简单地提取与复印,还要经过抽取、筛选、清理、转换、载入等工作。例如,某软件销售数据仓库就是从 3 个数据库转换过来,将货币转换成 r,d,如图 4-9 所示。

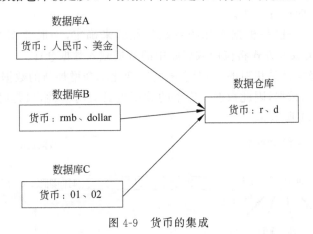

图 4-9　货币的集成

在不同应用的系统数据库中,记录都是用流水账形式,但这些数据不适合做分析处理,所以要综合、计算,甚至抛弃一些分析处理不需要的数据项,必要时还要增加一些有帮助的外部数据。在分析数据仓库时,还需要注意源数据的重复性问题,必须将这些数据转换成统一的定义,消除不一致的错误等,这样才能得出正确的决策。

(3)相对持久性。

相对于业务数据库中的数据是短暂的,不稳定的,记录系统的数据是随着时间变化而变化的,数据仓库在一定时间内,是保持不变的。因为对于决策分析,需要历史数据和稳定的数据。没有大量历史数据的支持是难以进行企业决策分析的,因此数据仓库中的数据大多表示过去某一时刻的数据,主要用于查询、分析,不像业务系统中的数据库那样,要经常修改、添加,除非数据仓库中的数据是错误的。

例如,在硬件销售数据中,由于销售的数据是随时可能更新的,所以数据库中的数据可以随时被插入、更新、删除和访问(查询)。但也可以从中抽取5年的数据构建数据仓库,对这5年的数据进行分析,一旦数据仓库构建完成,它主要用于访问(查询),一般不会被修改,具有相对的稳定性,如图4-10所示。

图 4-10　数据仓库稳定性的示例

(4)时变性。

数据仓库保存的大多是历史数据,很多数据都是批量载入的,即定期从应用系统数据库导入新的数据内容,这使得数据仓库有时间维度。一般来说,数据仓库会分时间片导入数据,然后这些时间片组成一个完整的事件进程。数据批量导入的周期决定了时间片的大小,导入间隔短,时间片就小。

时间片的大小,一段是根据实际的系统与经验来确定,一般 2 至 3 个月一次,连接 5~10 年,采用批量载入方式将应用数据库中的数据载入数据仓库。

数据仓库的稳定性是相对的,一般会随时间变化不断增加新的数据内容,删除超过期限(如 5 至 10 年)的数据,因此数据仓库中的数据也具有时变性,只是时变周期远大于应用数据库,如图 4-11 所示。

图 4-11　数据仓库随时间而变化的示例

数据仓库的稳定性和时变性并不矛盾,从大时间段来看,它是时变的,但从小时间段来看,是稳定的。

4.3.2 数据仓库架构

1. 数据仓库系统的组成

数据仓库系统通常是指一个数据库环境,是以数据仓库为核心,将各种应用系统集成在一起,为统一的历史数据分析提供坚实的平台,通过数据分析与报表模块的查询和分析工具 OLAP(联机分析处理)、决策分析、数据挖掘完成对信息的提取,以满足决策的需要。

2. 数据仓库系统

整个数据仓库系统分为源数据层、数据存储与管理层、OLAP 服务器层和前端分析工具层,如图 4-12 所示。

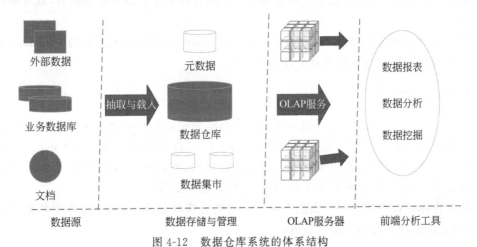

图 4-12 数据仓库系统的体系结构

数据仓库系统各组成部分如下。

(1)数据仓库。

数据仓库是整个数据仓库系统的核心,是数据存放的地方,并提供对数据检索的支持。相对于操作型数据库来说,其突出的特点是对海量数据的支持和快速的检索技术。

(2)抽取工具。

抽取工具把数据从各种各样的存储环境中提取出来,进行必要的转化、整理,再存放到数据仓库内。对各种不同存储方式数据的访问能力是数据抽取工具的关键。其功能包括删除对决策应用没有意义的数据,统一数据名称和定义,计算统计和衍生数据,填补缺失数据,统一数据定义方式。

(3)元数据。

元数据是关于数据的数据,在数据仓库中,元数据位于数据仓库的上层,是描述数据仓库内数据的结构、位置和建立方法的数据。通过元数据来管理和使用数据仓库。

(4)数据集市。

数据集市是在构建数据仓库时经常用到的一个词汇。如果说数据仓库是企业范围的,收集的是关于整个组织的主题,如顾客、商品、销售、资产和人员等方面的信息,那么数据集市就是饮食企业范围数据的一个子集,例如,只包含销售主题的信息,这样数据集市只对特定的用户是有用其范围限于选定的主题。

数据集市面向企业中的某个部门(或某个主题),是从数据仓库中划分出来的,这种划分可以是逻辑上的,也可以是物理上的。数据仓库中存放了企业的整体信息,而数据集市只存放了某个主题需要的信息,其目的是减少数据处理量,使信息的利用更加快捷和灵活。

(5) OLAP 服务。

OLAP 服务是指对存储在数据仓库中的数据提供分析的一种软件,它能快速提供复杂数据查询和聚集,并帮助用户分析多维数据中的各维情况。

(6) 数据报表、数据分析和数据挖掘。

数据报表、数据分析和数据挖掘是用户产生的各种数据分析和汇总报表,以及数据挖掘结果。

为了支持数据仓库系统的开发,Oracle、IBM、Microsoft、SAS、MySQL 和 Sybase 等有实力的公司相继通过收购数据仓库解决问题。

4.3.3　数据仓库设计

要设计一个数据仓库,先要把传统的以数据库为中心的操作型体系结构转向以数据仓库为核心的体系结构。这是一个分步实施的过程,首先要建立基于需求的数据模型。由于企业需求是一定的,所以面向的主题也是确定的、有目的、有计划的。数据仓库设计涉及源业务系统、数据仓库开发工具、数据分析和报表工具等。

数据仓库设计是建立一个面向企业决策者的分析环境或系统,下面介绍数据仓库的设计原则、构建模式和基本设计步骤。

1. 数据仓库设计原则

数据仓库的设计原则是以业务和需求为中心,以数据驱动。前者是指围绕业务方向性需求、业务问题等,确定系统范围和总体框架。后者是指其所有数据均建立在已有数据源基础上,从而存在干操作型环境中的数据出发进行数据仓库设计。

2. 数据仓库构建模式

数据仓库主要有两种构建模式:先整体再局部和先局部再整体。

(1) 先整体再局部。

即先创建企业数据仓库,对分散于各个业务数据库中的数据特征进行分析,在此基础上实施数据仓库的总体规划和设计,构建一个完整的数据仓库,提供全局的数据视图,再从数据仓库中分离部门的业务的数据集市,逐步建立针对各主题的数据集市,以满足具体的决策要求。

这种构建模式通常在技术成熟、业务过程理解透彻的情况下使用,也称自顶向下模式,如图 4-12 所示,其中数据由数据仓库流向数据集市。

其优点是数据规范化程度高,面向全企业构建了结构稳定和数据质量可靠的数据中心,可以相对快速、有效地分离面向部门的应用,从而最小化数据冗余与不一致性;当前数据、历史数据整合,便于全局数据的分析和挖掘。

其缺点是建设周期长、见效慢、风险程度相对大。

(2) 先局部再整体。

即先将企业内各部门的要求视为分解后的决策子目标,并针对这些子目标建立各自的数据集市,在此基础上不断扩充系统,逐步形成其中数据由数据集市流向数据仓库。

其优点是投资少、见效快,在设计上相对灵活。由于部门级数据结构简单,决策需求明确,因此易于实现。

其缺点是数据需逐步清洗,信息需进一步提炼,如果数据在抽取时有一定的重复工作,还会有一定级别的冗余和不一致性。

3. 数据仓库设计步骤

数据仓库开发,是一个不断循环、反馈而使系统不断增长与完善的过程,因此,在数据仓库开发的整个过程中,自始至终要求决策人员和开发者共同参与和密切协作,要求保持灵活的头脑,不做或尽量少做无效工作或重复工作。数据仓库的设计大体上可以分为以下几个步骤。

(1) 规划和需求分析。

(2) 建模。

(3) 物理模型设计。

(4) 数据载入与部署。

(5) 维护。

4.3.4 数据仓库的规划和需求分析

1. 数据仓库的规划

要建立数据仓库,首先要对数据仓库进行规划,明确用户的战略愿景和业务目标,在这个基础上三分之一建设数据仓库的目的与目标,然后明确数据仓库的范围、优先顺序、衡量数据仓库成功的要素、简的体系结构、使用技术、配置、容量要求等,之后确定建设需要的工具,包括数据仓库管理及安全。

建立业务目标是一个较重要的部分,通过集成不同的系统信息为企业提供统一的决策分析平台,帮助企业解决实际的业务问题,例,如何提高企业的销售额、提高顾客的体验等。所以要考虑应用驱动达到业务目标。

数据仓库体系结构的建设将是一个系统工程。要用系统的思维建设,它的规划、设计、开发、投产、改造是一个循环往复、漫长的工作,数据仓库建设应该遵循在一个中心的模式下,实现信息集中管理,统筹规划、整体设计、分步实施的原则。

2. 数据仓库的需求分析

在做完数据仓库规划后,就要按照项目目标进行需求分析。数据仓库的特点是面向主题,按主题组织数据。所谓主题,就是分析决策的目标和要求,因此是建立数据仓库的前提。数据仓库应用系统的需求分析,必须紧紧围绕主题来进行,主要包括主题分析、数据分析和环境要求分析。

(1)主题需求分析。

在项目开始前,就要明确主题,首先要对项目主题进行调研,这样就需要开发方人员与用户进行大量的沟通与交流,然后把用户需求分类整理,再进行标准化,从而形成不同层面的主题。分析不同层面的主题,再分析用户需要从什么维度进行分析,还要确定分析的粒度。因此,数据仓库的 4 个基本要素是主题、指标、维度与粒度。

(2)数据环境需求分析。

以数据为中心的数据仓库,数据环境的需求分析是非常重要的,确定分析主题后,就要分析业务系统的数据源,分析数据环境,其中包括以下几个方面。

① 业务数据源分析。分析有什么可用的数据源,这些数据源是否适合目前主题的需要,再分析数据源的数据库中的表与表结构,并做出详细的记录。

② 数据数量分析。如果数据达不到数据仓库数量的要求,就达不到数据分析的既定准确度,所以数据仓库对数据数量有最低要求,对数据密度、宽度也有一定的要求。因此需要分析数据源的数据能否达到这些要求。

③ 数据质量分析。数据质量对数据分析的敏感度较高,如果达不到一定的数据质量,分析结果就会与实际情况有差距。需要分析数据源的数据质量,确定数据的正确性、一致性、规范性和全面性能否达到要求。

3. 应用环境要求分析

软件与硬件环境对数据仓库也起着较重要的作用,要做好操作系统、数据仓库平台等系统平台的需求分析,还要对设备、网络、数据、接口、软件等提出相应的需求。

4.3.5 数据仓库的建模

在需求分析完成后,就要把需求转化成数据仓库的逻辑模型,这个过程就叫数据仓库建模。逻辑建模是实施数据仓库的重要一环,是用户需求的直接反映,也指导了以后的实施过程。下面就用多维数据库建模说明这个过程。

1. 多维数据模型

业务数据库的逻辑设计一般采用关系模型(实体-关系,E-R)来建模,这种模型很适合日常的事务型处理,它可以简单高效地保持数据的唯一性和一致性。但用关系模型来给数据仓库建模是不合适的,因为数据仓库面对不同的主题,而且从不同的观察角度和相应的角度去观察数据,这种分析领域也叫主题域。所以,数据仓库建模要使用简明的、面向主题的模式,便于以后做 OLAP 用,通常采用多维模型建模。

三维或者多维的模型,是将数据变成立方体形式,用户可以多角度、多层次地查询和分析。基于事先建立的基于事实和维的数据库模型,其数据组织采用多维结构文件进行数据存储,并有索引及相应的元数据管理文件与数据相对应。多维数据模型中涉及的几个概念介绍如下。

（1）粒度。

粒度（Granularity）是指在数据仓库中的单元数据的相对精细程序和精细级别，粒度是数据仓库设计的一个重要概念。数据越详细，粒度越小，级别就越低；数据综合度越高，粒度越大，级别就越高。例如，商品数据中"电视机"比"彩色电视机"的粒度大。

在业务数据库中，对操作的粒度不太敏感，因为对数据的要求都是最低粒度的。但数据仓库主要的作用是数据分析，所以对数据粒度异常敏感，一般会划分为不同的数据粒度，如详细数据、轻度总结和高度总结等多种粒度。

（2）维度。

维度（Dimension）也称维，就是前面所说的数据立方体中的维度，意思是观察某个事物的角度。例如，在某一个时间段的软件销售量，叫时间维度；某个区域的某件硬件的销售量，叫作区域维度。

（3）维属性与维成员。

维度也有属性，如国家、省份、地区等属性称为区域维的属性。维的一个取值称为该维的一个维成员，如果一个维是多层次的，那么该维的维成员是在不同维层次的取值组合。例如，一个区域维具有国家、省份、地区 3 个层次，分别在 3 个层次各取一个值，就得到区域维的一个维成员，即某国某省份某地区。

（4）维层次。

在同一个维度内，可能存在细节程度不同的各个值，分别对应不同的粒度，但粒度大的可以映射到粒度小的值，从而构成维的层次或者分层，这些分层可以由人工指定，也可以使用数据分布的统计分析自动产生。

例如，对于地点维，有"中国—浙江—杭州"的维层次。又如，时间维可以从年份、季度、月份、日期来描述。那么，年份—季度—月份—日期，就是维层次，如图 4-13 所示。

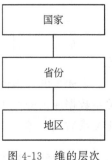

图 4-13　维的层次

2. 多维数据模型的实现

经过需求分析与建模之后，下一步是实现，实现方式有两种：关系数据库/多维数据库或者两者结合方式，但现在占大多数的还是关系数据库。

（1）关系数据库。

业务数据库通常使用关系数据库。数据仓库也可以利用关系数据库来建设，但数据仓库的表有两类：一类是维表，观察的每一个维至少使用一个表来存放；另外一类叫事实表，用来存放维的关键字和度量等信息。维表和事实表通过主关键字（主键）和外关键字（外键）联系在一起，这样，多维数据分立方体各个坐标的刻度以及立方体各个交点的取值都被记录下来，因而数据立方体的全部信息就都被记录了下来。

表 4-1 表示一个数据仓库的关系表数据组织形式，包括按产品与地区两项分类统计的销售量。

表 4-1　产品与地区统计销售量

产　　品	地　　区	销　　量
操作系统	华东	15
操作系统	华南	10
操作系统	华北	30
办公软件	华东	25
办公软件	华北	30
游戏	华南	60

（2）多维数据库。

数据仓库也可以建设在多维数据库中，多维数据库也是数据库的一种，可以把维表与事实表加载到这个数据库中。但数据不是存放在关系表中，而是存放在多维数组中。地区与分类产品销量表如表 4-2 所示。

表 4-2　地区与分类产品销量表

地　　区	操作系统	办公软件	地图	游戏
华东	23	13	29	60
华南	44	25	27	55
华北	53	34	36	46

表 4-2 可以很清晰地表达多维的概念，占用的内存少，能够提高访问速度，而且不像关系数据库那样产生大量冗余数据，统计速度也有很大的提高。但可操作性和灵活性就比关系数据库差。

3. 数据仓库建模

数据仓库建模主要是确定数据相互关系和包含的数据类型。

（1）在确定主题的情况下，把主题之间的相关内容的属性分类。例如，描述主题是软件生产企业，那么基本信息有软件名称、软件分类、硬件名、硬件类型等类型。

（2）确定事实表的粒度。事实表的粒度能够表达数据的详细程度。从用途的不同来说，从原子事实表、聚集事实表、合并事实表 3 种表类型确定粒度。

数据仓库分析功能和存储空间是矛盾的。如果粒度设计得很小，则事实表将不得不记录所有的细节，存储数据所需的空间将会急剧膨胀；若粒度设计得很粗，决策者则不能观察细节数据。因此，粒度设计最重要的准则是在满足用户决策分析需要的基础上，尽可能优化数据存储空间。

（3）确定数据分割策略。分割是指把逻辑上是统一整体的数据分割成较小的、可以独立管理的物理单元进行存储，以便能分别处理，从而提高数据处理的效率。

（4）构建数据仓库中各主题的多维数据类型及其联系。绝大多数的数据仓库使用关系数据库来实现。

4. 基于关系数据库的多维数据模型

在关系数据库中,多维数据模型主要包括星形模式、雪花模式和事实星座模式。星形模式,顾名思义,数据表之间的关系像一颗星的形状;雪花模式是指数据表之间的关系像雪花形状;事实星座模式一般解决多维数据表问题。

(1) 星形模式。

星形模式是数据仓库中最简单的多维数据模型,下面介绍星形结构、维表设计方法、维表的概念分层和事实表设计。

① 星形结构。数据仓库最常用的实现方式是星形模式,它一般由一个事实表和多个二维表组成,在设计时,每一个维表都有一个主键,并且组合成事实表的主键,如图 4-14 所示。即事实主键的每个元素都是维表的外键,该模式的核心是事实表,通过事实表将各种不同的维表连接起来,各个维表都连接到中央事实表。数据表之间的关系就像一颗星的形状,所以叫星形模式。

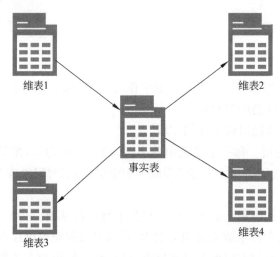

图 4-14　星形模式

维表上的数据一般是文字、时间等类型,表明数据属性,而事实表的非关键字一般是度量。

【例 4-1】　图 4-15 所示的"IT 集成商软件销售"数据仓库,是一个典型的星形模式,这个模式包括一个销量事实表和一个软件维表、一个硬件维表、一个时间维表和一个顾客维表。在销量事实表中有 4 个维表的主键与 2 个度量:"销量""金额",通过这 4 个维表的主键,就将事实表与维表联系起来,组成一个星形的结构,就是"星形模式",这种模式使用了二维的结构表达了一个多维的概念。

② 维表设计方法。维表用于存放维信息,包括维的属性(列)和维的层次结构。一个维用一个维表表示,多个维就需要使用多个维表。维表通常具有以下数据特征。

a. 维表通常使用解析过的时间、名字或地址元素,这样可以使查询更灵活。

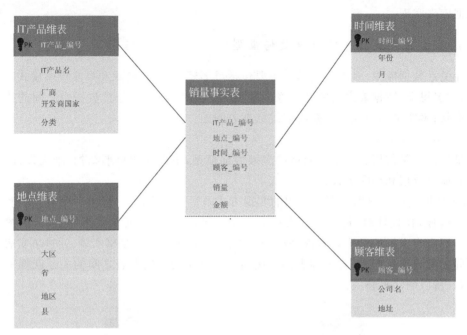

图 4-15 "IT 集成商软件销售"数据仓库的星形模式

b. 维表通常不使用业务数据库的关键字作为主键,而是为每个维表增加一个额外的字段作为主键来识别维表中的对象。

c. 维表中可以包含随时间变化的字段。

③ 维表的概念分层。每一个维表中的字段,也可以称为维,维的组织形式一般包含层次关系,如位置信息"省—地区—县"形成了一个层次,如时间维表有小时、分钟、秒。分层的作用如下。

a. 概念分层为不同级别上的数据汇总提供了良好的基础。

b. 综合概念分层和多维数据模型的潜力,可以对数据获得更深入的洞察力。

c. 在多维数据模型的不同维上定义概念分层,可以使用户在不同的维上从不同的层次观察数据成为可能。

d. 多维数据模型使得从不同的观察角度数据成为可能,而概念分层则提供了从不同层次观察数据的能力,结合这两者的特征,可以在多维数据模型上定义各种 OLAP 操作,为用户从不同角度、不同层次观察数据提供了灵活性。

④ 事实表设计。事实表是数据仓库多维模型的核心,是用来记录业务事实并做相应指标统计的表,事实表具有如下特征。

a. 记录数量很多,因此应当尽量减小事实表中一条记录的长度,避免事实表过大而难于管理。

b. 事实表中除度量外,其他字段都是维表或中间表(对于雪花模式)的关键字(外键)。

c. 如果事实表相关的维很多,则事实表的字段数也会比较多。

在查询事实表时,一般使用聚集函数,一个聚集函数从多个事实表记录中计算出一个结果。例如,事实表中的销售量是一个度量,要统计所有的销售量,便用求和聚集函数,即SUM(销售量)。在设计事实表时,需要为每个度量指定相应的聚集函数。度量可以根据其所用的聚集函数分成以下3类。

a. 分布的聚集函数。将这类函数用于由 n 个聚集值得到的结果和由所有数据得到的结果一样,如 COUNT(求记录个数)、SUM(求和)、MIN(求最小值)、MAX(求最大值)等。

b. 代数的聚集函数。函数可以由一个带 m 个参数的代数函数计算(m 为有界整数),而每个参数值都可以由一个分布的聚集函数求得,如 AVG(求平均值)等。

c. 整体的聚集函数。描述函数的子聚集所需的存储没有常数界,即不存在具有 m 个参数的代数函数进行这一计算,如 MODE(求最常出现的项)。

在设计事实表时,可以利用减少字段数、降低每个字段的大小和把数据归档到单独事实表中等方法来减小事实表的大小。

(2)雪花模式。

雪花模式是对星形模式的扩展,对星形模式的作用有了很大的提升。这里主要介绍雪花模式的基本结构,雪花模式与星形模式的比较。

① 雪花模式的基本结构。雪花模式(Snownake Schema)的每一个维表都可以向外连接多个类别表。在这种模式中,维表除了具有星形模式中维表的功能外,还连接对事实表进行描述的详细类别表,详细类别表通过在有关维上详细描述事实表来缩小事实表的大小和提高查询效率,如图 4-16 所示,雪花模式类似于雪花的形状,由此得名。

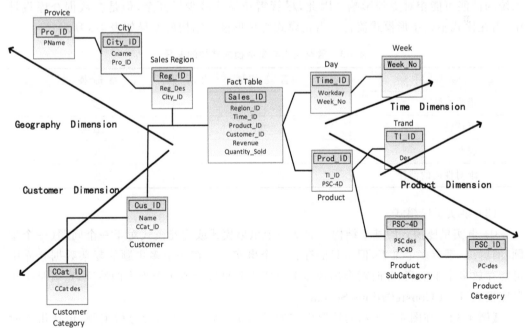

图 4-16　雪花模式示意图

星形模式虽然是关系模型,但它不是一个规范化的模型,在星形模式中,维表被特意非规范化了,雪花模式是对星形模式的补充和优化,使得维表进一步标准化,对星形模式中的维表进行了规范化处理。

雪花模式的维表中存储了规范化的数据,这种结构通过把多个较小的规范化表(而不是星形模式中大的非规范表)联合在一起来改善查询性能。由于采取了规范化及低粒度的维,所以雪花模式提高了数据仓库应用的灵活性。

归纳起来,雪花模式的特点如下。

a. 某个维表不与事实表直接关联,而是与另一个维表关联。

b. 可以进一步细化查看数据的粒度。

c. 维表和与其相关联的其他维表也是靠外码关联的。

d. 也以事实表为核心。

【例 4-2】 在图 4-15 所示的星形模式中,每个维只用一个维表表示,而每个维表包含二组属性。例如,IT 产品维表包含属性集{IT 产品_编号,厂商,开发商国家,分类}。这种模式可能造成某些冗余,例如,可能存在{100,Windows 10,微软,美国,软件}、{100,Office 2016,微软,美国,软件}、{100,Windows 10,微软,美国,软件}3 条记录,从中可以看到厂商、国家字段存在数据冗余。对 IT 产品维表进一步规范化,如图 4-15 所示,就构成了"IT 集成商软件销售"数据仓库的雪花模式。

② 雪花模式和星形模式的比较。雪花模式的维表可能是规范化形式,以便减少冗余。这种表易于维护并节省存储空间。然而,与巨大的事实表相比,这种空间的节省可以忽略。此外,由于执行查询需要更多的连接操作,雪花结构可能降低浏览的性能。这样,系统的性能可能相对受到影响。因此,尽管雪花模式减少了冗余,但是在数据仓库设计中,雪花模式不如星形模式流行。雪花模式与星形模式结构的差异如表 4-3 所示。

表 4-3 雪花模式与星形模式结构的差异

项　　　目	雪　花　模　式	星　形　模　式
维表行数	少	多
可读性	难	容易
表数量	多	少
维对性能的消耗	多	少

(3) 事实星座模式。

① 事实星座模式的基本结构。通常一个星形模式或雪花模式对于一个问题(一个主题)的解决,都有多个维表,但是只能存在一个事实表。在一个多主题的复杂数据仓库中可能存放多个事实表,此时就会出现多个事实表共享某个或多个维表的情况,这就是事实星座模式(Fact Constellations Schema)。

【例 4-3】 在图 4-7 所示的星形模式的基础上,增加一个供货分析主题,包括供货时间、供货商品、供货地点、供应商、供货量和供货金额等属性。

设计相应的供货事实表,对应的维表有时间维表、商品维表、地点维表和供应商维表,其中前 3 个维表和销售事实表共享,对应的事星座模式如图 4-17 所示。

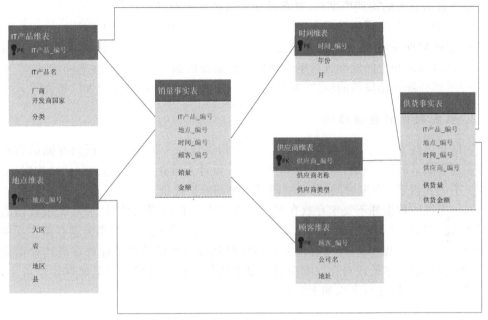

图 4-17　数据仓库的事实星座模式

② 3 种模式的关系。星形模式、雪花模式和事实星座模式之间的关系如图 4-18 所示。

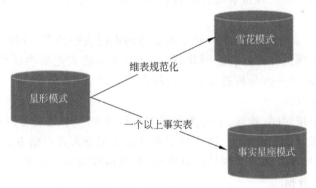

图 4-18　3 种模式的关系

星形模式是最基本的模式,一个星形模式有多个维表,但只能存在一个事实表。在星形模式基础上,为了避免数据冗余,用多个表来描述一个复杂维,即在星形模式的基础上,构造维表的多层结构(或俗称维表的规范化),就得到雪花模式。

如果打破星形模式只有一个事实表的限制,且这些事实表共享部分或全部已有维表信息,就构成事实星座模式。

4.3.6　数据仓库的物理模型分析

数据仓库的物理模型是逻辑模型在数据仓库中的实现模式。构建数据仓库的物理模型与选择的数据仓库开发工具密切相关。这个阶段所做的工作是确定数据的存储结构、确定索引策略和确定存储分配等。

设计数据仓库的物理模型时,要求设计人员必须做到以下几点。

- 全面了解所选用的数据仓库开发工具,特别是存储结构和存取方法。
- 了解数据环境、数据的使用频度和使用方式、数据规模以及响应时间要求等,这些是对时间和空间效率进行平衡和优化的重要依据。
- 了解外部存储设备的特性,如分块原则、块大小的规定、设备的 VO 特性等。

1. 确定数据的存储结构

数据仓库开发工具往往都提供多种存储结构供设计人员选用,不同的存储结构有不同的实现方式,以及各自的适用范围和优缺点。设计人员在选择合适的存储结构时,应该权衡 3 个主要因素:存取时间、存储空间利用率和维护代价。

同一主题的数据并不要求存放在相同的介质上。在物理设计时,常常要按数据的重要程度、使用频率以及对响应时间的要求进行分类,并将不同类的数据分别存储在不同的存储设备中。重要程度高、经常存取并对响应时间要求高的数据就存放在高速存储设备上,如硬盘;存取频率低或对存取响应时间要求低的数据则可以放在低速存储设备上,如磁盘或磁带。此外,还可考虑如下策略。

(1) 合并表组织。

在常见的分析处理操作中,可能需要执行多表连接操作。为了节省 I/O 开销,可以把这些表中的记录混合放在一起,以减少表连接运算的消耗,这称为合并表组织。这种组织方式在访问序列经常出现或者表之间具有很强的访问相关性时具有很好的效果。

(2) 引入冗余。

在面向某个主题的分析过程中,通常需要访问不同表中的多个属性,而每个属性又可能参与多个不同主题的分析过程。因此,可以修改关系模式把某些属性复制到多个不同的主题表中,从而减少一次分析过程需要访问表的数量。

(3) 分割表组织。

在逻辑设计中按时间、地区、业务类型等多种标准把一个大表分割成许多较小的、可以独立管理的小表,称为分割表。这些分割表可以采用分布式存储方式,当需要访问大表中的某类数据时,只需要访问分割后的对应小表,从而提高访问效率。

(4) 生成导出数据。

在原始、细节数据的基础上进行一些统计和计算,生成导出数据,并保存在数据仓库中,既能避免在分析过程中执行过多的统计和计算操作,提高分析性能,又能避免不同用户因进行重复统计而可能产生的偏差。

2. 确定索引策略

数据仓库的数据量很大,因此需要仔细设计和选择数据的存取路径。由于数据仓库的数据都是不常更新的,所以可以设计多种多样的索引结构来提高数据存取效率。

在数据仓库中,设计人员可以考虑对各个数据存储建立专用的、复杂的索引,以获得较高的存取效率,因为数据仓库中的数据是不常更新的,也就是说,每个数据存储是稳定的,所以虽然建立专用的、复杂的索引有一定的代价,但一旦建立,就几乎不需要维护索引。

3. 确定存储分配

许多数据仓库开发工具提供了一些存储分配的参数供设计者进行物理优化处理，如块的尺寸、缓冲区的大小和数量等，它们都要在物理设计时确定。这与创建数据库系统时考虑的是一样的。

4.3.7 数据仓库的物理模型设计

下面介绍如何进行数据仓库的需求分析、建模、设计与实现，为了方便验证，其中的数据条数会较少。

1. 数据仓库的需求分析

某个IT集成商产品销售遍布全国，销售商品有硬件、软件、集成和开发等，该公司已经建立了网络销售信息管理系统，数据有每个时刻的销售信息和顾客的基本信息，现为了提高市场竞争力和发现内部问题，要建立一个数据仓库。

到现场进行需求分析得知，需要的功能包括分析全国各地每年、每个月的销售金额；对全部商品每年、每个月的销售量分类。

2. 数据仓库建模

经过需求分析得知需求不算复杂，因此使用星形模式。

(1) 维表设计。

根据例4-1，可以设计4个维表，分别为日期维表、顾客维表、地点维表、IT产品维表，下面分别设计这4个维表。

① 日期维表。日期维表的名称为dates，对应的结构如图4-19所示，图4-20为表中填充的数据，假设从操作型数据库载入数据到数据仓库，它的维属性就构成一个概念分层(层次结构)，在其中引入一个隐含的顶层层次ALL，分层如图4-21所示。

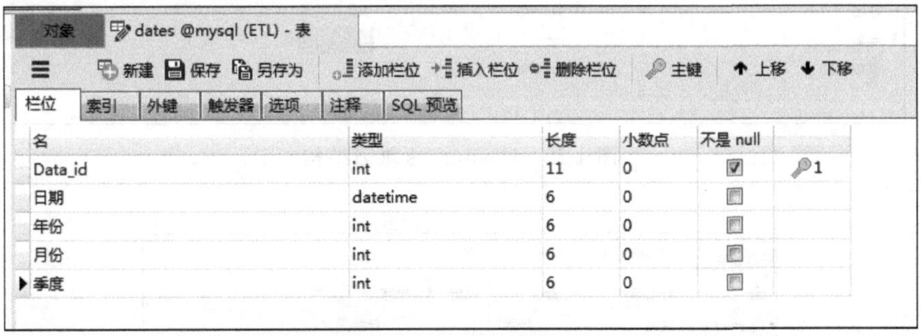

名	类型	长度	小数点	不是 null	
Data_id	int	11	0	☑	1
日期	datetime	6	0	☐	
年份	int	6	0	☐	
月份	int	6	0	☐	
季度	int	6	0	☐	

图4-19 dates维表结构

② 顾客维表。顾客维表的名称为Customers，对应的结构、数据和维度如图4-22～图4-24所示。

③ 地点维表。地点维表的名称为Locates，对应的结构、数据和维度如图4-25～图4-27所示。

Data_id	日期	年份	月份	季度
1	2018-01-09 16:42:25.00	2018	1	1
2	2018-04-02 16:42:50.00	2018	4	2
3	2018-06-06 16:43:09.00	2018	7	3
4	2018-05-05 16:44:57.00	2018	11	4
5	2018-02-05 16:45:09.00	2018	2	1
6	2017-09-08 16:45:23.00	2017	9	3

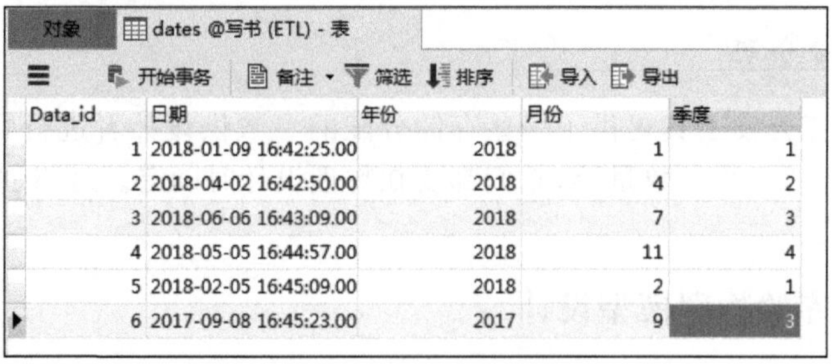

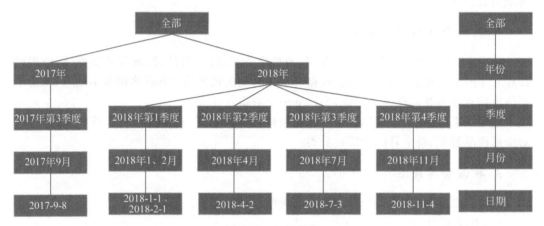

图 4-20　dates 维表内的数据

图 4-21　时间节点

名	类型	长度	小数点	不是 null	
Cust_id	int	5	0	☑	1
姓名	varchar	10	0	☐	
年龄	int	5	0	☐	
年龄层次	varchar	10	0	☐	

图 4-22　Customers 维表结构

Cust_id	姓名	年龄	年龄层次
1	张军山	36	中年
2	李先中	22	青年
3	陈奕奕	45	中年
4	李如丽	33	青年
5	刘佳	65	老年
6	曾辉	34	中年

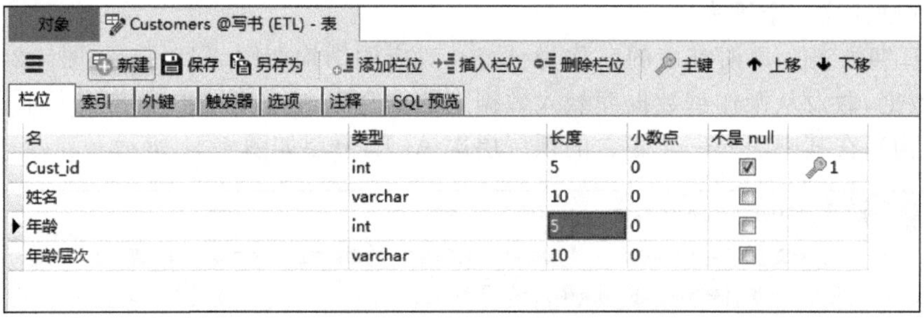

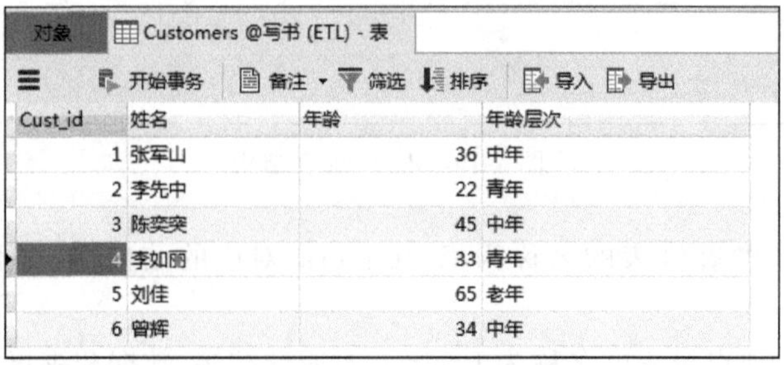

图 4-23　Customer 数据库

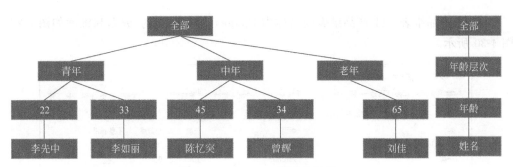

图 4-24　Customer 数据库维度

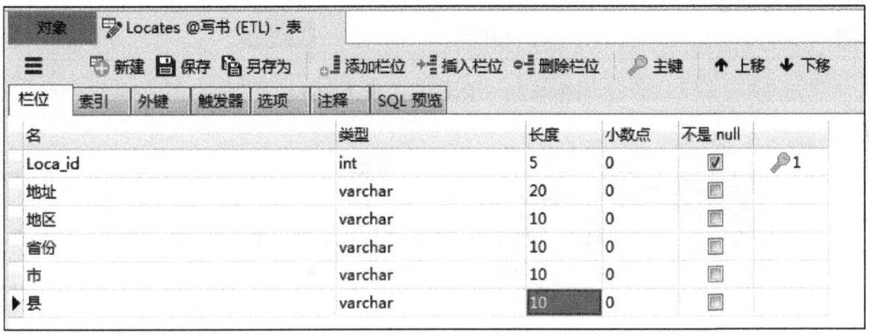

名	类型	长度	小数点	不是 null	
Loca_id	int	5	0	☑	1
地址	varchar	20	0	☐	
地区	varchar	10	0	☐	
省份	varchar	10	0	☐	
市	varchar	10	0	☐	
县	varchar	10	0	☐	

图 4-25　Locates 维表结构

Loca_id	地址	地区	省份	市	县
1	广东省广州市天河区A小区	华南	广东省	广州市	天河区
2	北京市海淀区B小区	华北	北京	北京	海淀区
3	江苏省扬州市宝应县B小区	华东	江苏省	扬州市	宝应县
4	河南省郑州市金水区C小区	华中	河南省	郑州市	金水区
5	四川省成都市郫都区E小区	华西	四川省	成都市	郫都区

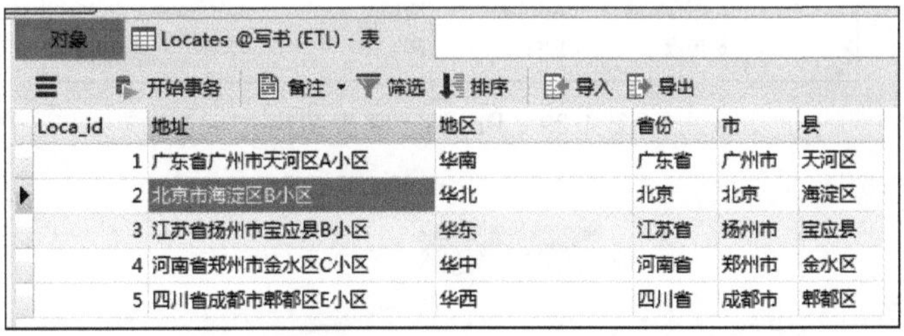

图 4-26　Locates 数据库

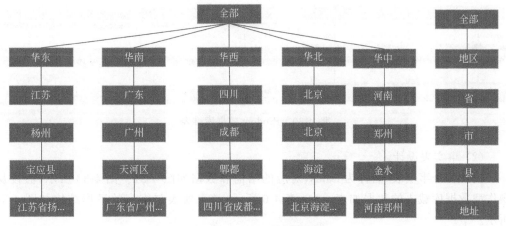

图 4-27　Locates 数据库维度

④ IT 产品维表。IT 产品维表的名称为 Product，对应的结构、数据和维度如图 4-28～图 4-30 所示。

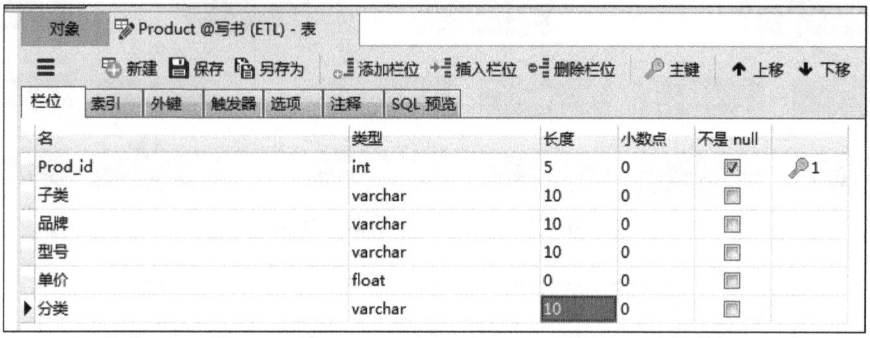

对象 Product @写书 (ETL) - 表

新建 保存 另存为 添加栏位 插入栏位 删除栏位 主键 上移 下移

栏位 索引 外键 触发器 选项 注释 SQL 预览

名	类型	长度	小数点	不是 null	
Prod_id	int	5	0	☑	1
子类	varchar	10	0	☐	
品牌	varchar	10	0	☐	
型号	varchar	10	0	☐	
单价	float	0	0	☐	
分类	varchar	10	0	☐	

图 4-28　Product 维表结构

对象 Product @写书 (ETL) - 表

开始事务 备注 筛选 排序 导入 导出

Prod_id	子类	品牌	型号	单价	分类
1	办公软件	微软	2016	2031	软件
2	操作系统	微软	10	365	软件
3	路由器	华为	M41	2000	硬件
4	交换机	华三	2052	5412	硬件
5	图形软件	Adobe	2018	1500	软件
6	电源	山特	203	4500	硬件

图 4-29　Product 维表结构

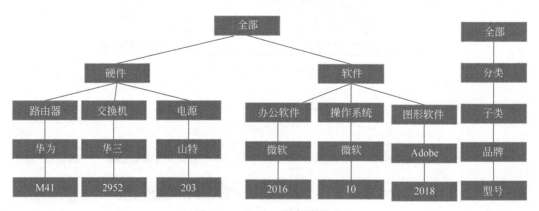

图 4-30　Product 数据库维表

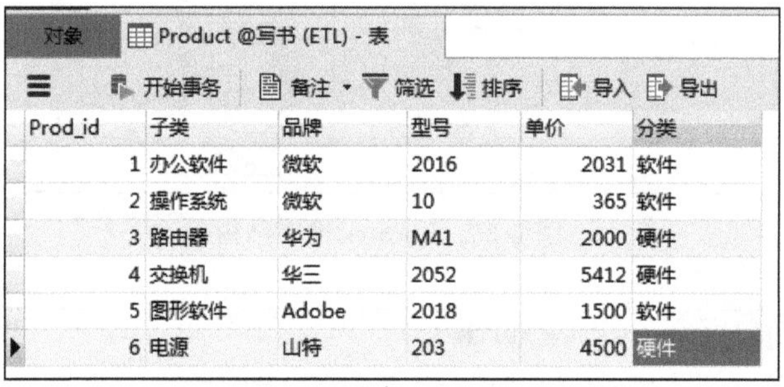

（2）事实表设计。

设计一个事实表，名称为 Sales，对应的结构和数据如图 4-31～图 4-33 所示，假设从操作型数据库载入的数据如表 4-4～表 4-6 所示，该事实表与维表的星形结构如图 4-34 所示。

图 4-31 Sales 事实表结构

date id	Cust id	loca id	prod key	数量	金额
1	1	1	1	20	2036
1	2	2	2	2	2566
1	3	3	3	4	663
2	1	1	1	1	499

图 4-32 Sales 事实表数据(1)

date id	Cust id	loca id	prod key	数量	金额
1	1	1	1	1	2031
1	2	2	2	2	730
1	3	3	3	1	2000
1	4	4	4	3	1236
1	5	1	5	1	1500
1	6	2	6	3	1493
2	1	1	1	1	2031
2	2	2	2	2	1095
2	3	3	3	1	2000
2	4	4	4	1	5412
2	5	1	5	2	3000
2	6	2	6	3	13500
3	1	1	1	1	2031
3	2	2	2	5	1825
3	3	3	3	1	2000
3	4	4	4	3	16236
3	5	1	5	2	3000
3	6	2	6	1	4500
4	1	1	1	1	2031
4	2	2	2	2	730
4	3	3	3	3	6000
4	4	4	4	3	16236
4	5	1	5	1	1500
4	5	2	6	1	4500
5	1	1	1	1	2031
5	2	2	2	2	730
5	3	3	3	1	2000
5	4	4	4	1	5412
5	5	1	5	111	1500
5	6	2	6	2	9000

图 4-33 Sales 事实表数据(2)

表 4-4 IT产品销售元数据

名　称	销 售 事 件
描述	整个IT企业产品的销售状况
目的	用于销售状态和促销情况分析,以调整货存
维	时间、顾客、商品、地点
事实	销售事实表
度量值	销售数量、金额等

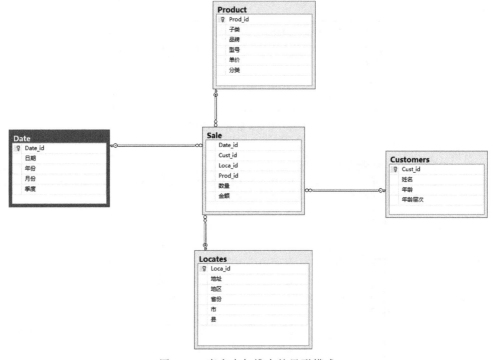

图 4-34 事实表与维表的星形模式

表 4-5 销售事实元数据

名　称	销 售 事 实
描述	记录每一笔销售情况
目的	使用销售的主题分析销售事实
使用状况	每天平均查询次数
	每次查询平均返回行数
	每次查询执行的平均时间
	每天查询的最大次数
	每次查询的最大执行时间

名　称	销 售 事 实
存档规则	每个月将前 3 年的数据存档
存档情况	最近存档时间
	每一次存档时间
更新规律	每个月将前 3 年的数据从数据仓库中删除
更新状态	最近更新处理日期
	已更新的数据日期
数据准确性要求	必须真实反映销售情况
数据粒度	每一个数据的情况,不汇总
表键	事实表中的日期标识、顾客标识、地点标识和端口标识的键的组合
数据来源	某个 IT 企业的日常销售数据
加载日期	一天一次

表 4-6　数据成员顾客表标识(Cust_id)的元数据

名　称	顾客关键字
定义	用来唯一标识客户和位置的值
更新规则	一旦分配,就不改变
数据类型	数值型
值域	0～999999999
产生规则	自动产生
来源	系统自动生成

3. 数据仓库实现

(1) 创建数据仓库分析项目。

以 SQL Server 2008 为例,打开 SQL Server Business Intelligence Development Studio,选择"文件"→"新建"→"项目"选项,如图 4-35 所示,系统新建一个 ITDW 项目。

(2) 定义数据源。

在解决方案资源管理器中,右击"数据源"选项,在弹出的快捷菜单中选择"新建数据源"选项,输入服务器名,并采用 Windows 身份认证,如图 4-36～图 4-38 所示。

(3) 定义数据源视图。

这个步骤主要是指定数据的视图,把维表和事实表都放进视图内即可,如图 4-39 和图 4-40 所示。

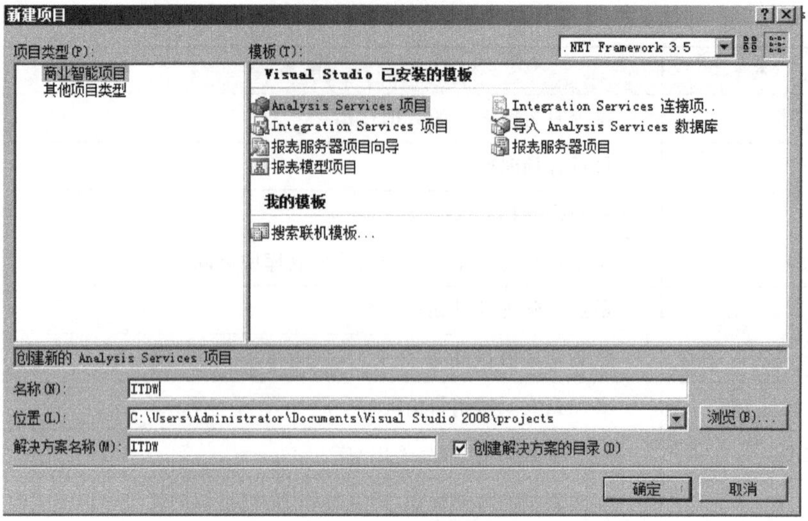

图 4-35　新建项目

图 4-36　单击数据源

图 4-37　输入服务器名

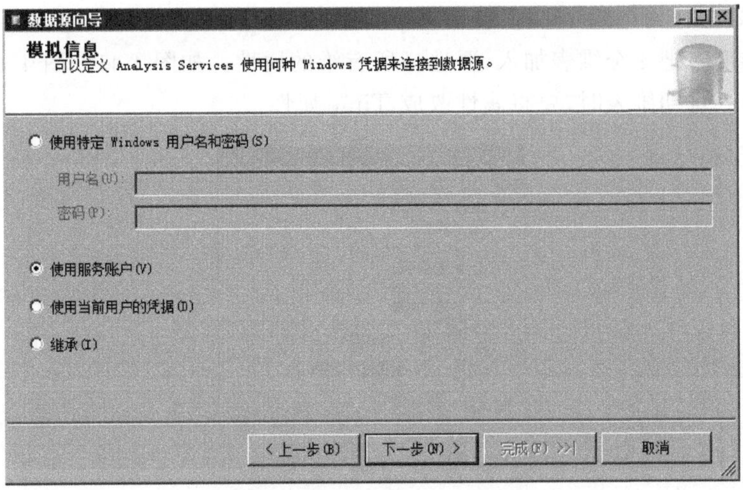

图 4-38 完成资源管理器的连接

图 4-39 新建数据源视图

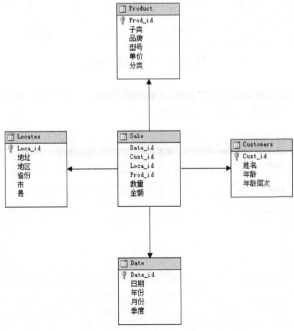

图 4-40 建立维表

（4）定义维度。

右击"维度"，把 4 个维表加入，要选择所有维的属性。如图 4-41～图 4-45 所示，需要注意的是，加入日期维表时，要将属性改成 Time 属性。

图 4-41　新建维度

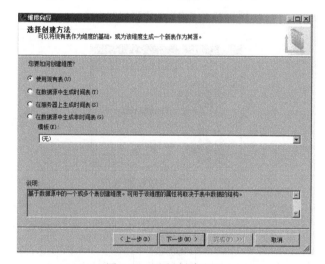

图 4-42　选择创建方法

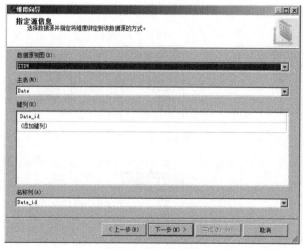

图 4-43　指定源信息

图 4-44 选择维度属性

图 4-45 数据属性

在时间维表中设置层次结构,如图 4-46 和图 4-47 所示。

(5)定义多维数据集。

这里主要是指定事实表,利用多维数据集向导新建多维数据集,具体步骤如图 4-48~图 4-52 所示。

(6)部署与浏览结果。

右击项目名,在弹出的快捷菜单中选择"部署"选项,然后在多维数据集中右击,在弹出的快捷菜单中选择"浏览"选项,如图 4-53 所示。

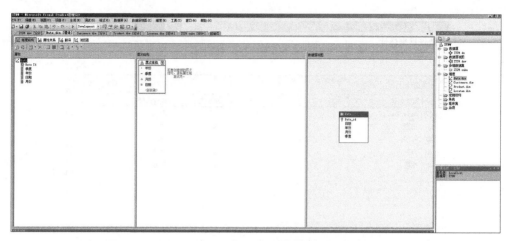

图 4-46　在时间维表中设置层次结构

图 4-47　层次结构包含元素

图 4-48　新建多维数据集

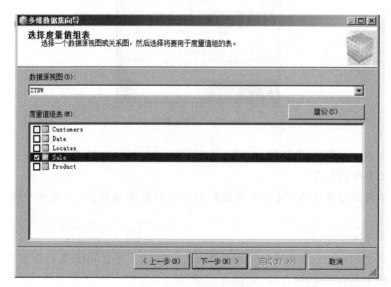

图 4-49　选择度量值组表

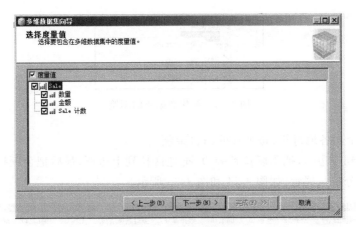

图 4-50　选择度量值

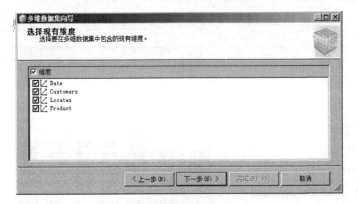

图 4-51　选择现有维度

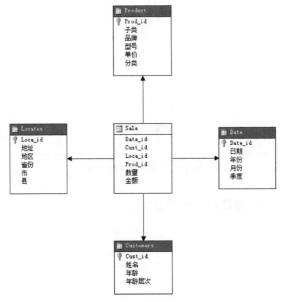

图 4-52　多维数据集建立完成

图 4-53　新建数据集的浏览

（7）分析全国各地每年、每个月的销售金额。

把年份拉到左边框,把季度拉到旁边,把地区拉到上边框,最后把金额拉到下面,即完成数据仓库的分析与展示,如图 4-54 和图 4-55 所示。

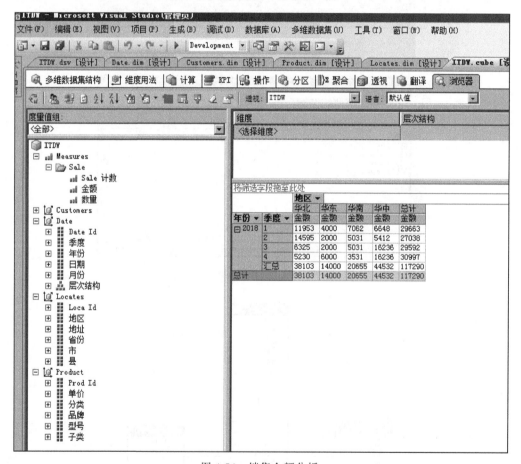

图 4-54　销售金额分析

（8）对全部商品每年、每月的销售量分类。

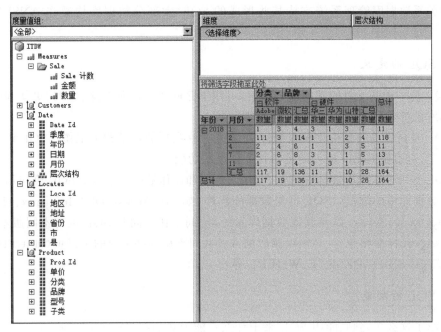

图 4-55 销售量分析

4.4 加载 SQL

结构化查询语言(Structured Query Language,SQL)是一种数据库专用的计算机语言,MySQL、SQL Service、Oracle、MS SQL、Access 和其他公司的数据库,均可以通过 SQL 来对数据库中的内容进行访问和修改。不同公司有不同的 SQL 语法,但它们还是遵循 ASNI 制定的 SQL 标准。SQL 逐渐成为了一种通用的标准查询语言,SQL 不只具有数据库查询功能,还可以对数据库进行选取、增删、更新和跳转等操作。通过 SQL 数据库来处理、存储数据的方法,受到了用户的青睐,并得到了一致好评,极大地促进了 SQL 的发展。

4.4.1 SQL 的基本内容

1. SQL 的产生

20 世纪 70 年代初,IBM 公司的埃德加·科德(Edgar Codd)发表了将数据组成表格的应用原则,几年后,同一实验室的另外两名同事针对该应用原则在研制关系数据库管理系统 System R 中的应用,研制出一套规范语言(Structured English Query Language,SEQUEL),并于 1976 年 11 月公布新版本的 SQL,1980 年正式改名为 SQL。

SQL 从产生到发展至今,美国 ANSI 最先将 SQL 作为关系数据库管理系统的标准语言(ANSI X3 135-1986),后被国际标准化组织(ISO)采纳为国际标准。进入 21 世纪,主要的关系数据库管理系统支持某些形式的 SQL,大部分数据库均遵守 ANSI SQL89标准。

2. SQL 的定义

SQL 是一种基于目的性的编程语言,可用于存取数据以及删除、查询、更新和管理更新数据库系统,也是数据库脚本文件的扩展名。

SQL 是高级的非结构化编程语言,允许用户在高层数据结构上工作。SQL 语句可以实现嵌套,这也使其具有极大的灵活性和强大的功能。

SQL 是 ANSI 的标准计算机语言,用来访问和操作数据库系统。SQL 语句用于取回和更新数据库中的数据。SQL 可与数据库程序(如 MS Access、DB2、Informix、MS SQL Service、Oracle、Sybase 以及其他数据库系统)协同工作。同时 SQL 也有不同版本,但是为了与 ANSI 标准相兼容,必须以相似的方式共同支持一些主要的关键词(如 UPDATE、SELECT、INSERT、DELETE、WHERE 等)。

3. SQL 的功能

介绍了这么多,到底能用 SQL 来干什么? 能为我们提供哪些服务? 综合来看,SQL的功能有以下 10 点。

(1) SQL 面向数据库执行查询操作。

(2) SQL 可从数据库存取数据。

(3) SQL 可向数据库中插入新的记录。

(4) SQL 可更新数据库中的数据。

(5) SQL 可删除数据库中的数据。

(6) SQL 可创建新的数据库。

(7) SQL 可在数据库中新建新表。

(8) SQL 可在数据中创建存储过程。

(9) SQL 可在数据库中创建视图。

(10) SQL 可设置表、存储过程和视图的权限。

4. SQL 的分类

SQL 共分为 4 类:数据查询语句(Data Query Language,DQL)、数据操纵语句(Data Manipulation Language,DML)、数据定义语句(Data Definition Language,DDL)、数据控制语句(Data Control Language,DCL)。

(1) 数据查询语句(DQL)。

该语言的基本结构是由 SELECT 语句、FROM 语句、WHERE 语句组成的查询块。

```
SELECT <字段名表>
FROM<表或视图名>
WHERE<查询条件>
```

整体语句为：SELECT ＊FROM ＜表或视图名＞ WHERE ＜查询条件＞；

（2）数据操纵语句（DML）。

该语句主要有 3 种形式。

① 插入：INSERT。

② 更新：UPDATE。

③ 删除：DELETE。

语法格式如下：

```
INSERT INTO 表名(列名 1,列名 2…)VALUES(列值 1,列值 2…);
UPDATE 表名 SET 列名 1=列值 1,列名 2=列值 2…WHERE 列名=值;
DELETE 表名 WHERE 列名=值
```

（3）数据定义语句（DDL）。

该语句用来创建数据库中的各种对象（如表、视图、索引、同义词、聚簇等）。其语法格式如下：

```
CREATE TABLE/VIEW/INDEX/SYN/CLUSTER
```

（4）数据控制语句（DCL）。

该语句用来授予或回收访问数据库的某种特权，并用来控制数据库操纵事务发生的时间和效果，对数据库实现监控等。

① GRANT：授权。

② ROLLBACK ［WORK］TO ［SAVEPOINT］：退回到某一节点。

ROLLBACK：回滚，其作用是使数据库状态回到上次最后提交的状态，也就是说，对该数据库的操作无效。

③ COMMIT ［WORK］：提交，在对数据库进行增、删、改等操作时，只有当事务提交到数据库中才算完成该操作。在事务提交前，只有操作数据库的用户才有权限看到所做的事，其他用户只能在事务提交完成后才有权限看到这些操作。数据提交方式有 3 种类型：显式提交、隐式提交和自动提交。

- 显式提交：用 COMMIT 命令直接对其操作完成的提交。
- 隐式提交：利用 SQL 语句间接对操作完成的提交，这些命令有 alter、audit、comment、connect、create、disconnect、drop、exit、grant、noaudit、quit、revoke、rename 等。
- 自动提交：把 auto commit 的状态开启，设置为 ON，在对数据库进行操作后，系统自动提交事务。开启自动提交的格式为 set auto commit on；。

4.4.2　MySQL 集群体

1. MySQL 集群

MySQL 集群是一个无共享的、采用分布式节点架构的存储方案，其目的是提高容错性和性能。

数据更新使用隔离级别来保证所有节点数据的一致性,使用两阶段提交机制保证所有节点都有相同的数据(任何一个写操作失败,更新都会失败)。

无共享的对等节点使得某台服务器上的更新操作在其他服务器上立即可见。传播更新使用一种复杂的通信机制,这一机制专门用来提高跨网络的吞吐量。

通过多个 MySQL 服务器分配负载,可以最大程度地达到高性能,通过在不同位置存储数据保证高可用性和冗余。

2. 结构图

MySQL 集群由应用层、SQL 服务层、存储层和管理层 4 部分组成,如图 4-56 所示。其中,应用层主要是外接应用,这是此结构的最底层,也是必不可少的一层。SQL 服务层主要通过 SQL 服务器控制外部应用,它起中间纽带的作用,将内部服务与外部应用紧密联系在一起。存储层主要存储该集群数据,存储的大小决定了此集群的性能。管理层是最高层,主要通过管理服务和客户端,对全局进行资源调度和资源合理分配,该层是最重要的层。

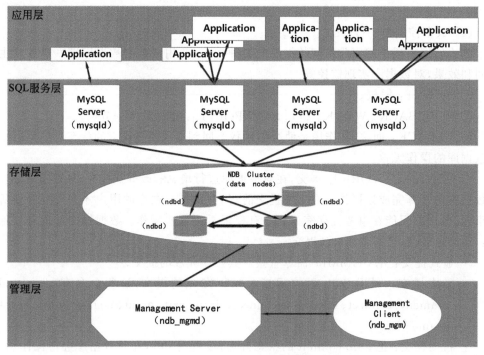

图 4-56　MySQL 集群结构

3. 数据存储

MySQL 集群数据存储方式主要有两种:一种是数据节点组内主从同步复制,另一种是将所有索引列均保存在主存储中,其他非索引列可保存于内存中。

主从同步复制,可以用来保证组内节点数据的一致性和相同性,减少各自的差异性。该过程一般分两个阶段来完成,且均需要配合协议,其步骤如下。

（1）Master(控制)执行语句提交时,该提交命令并非直接送到控制中心,而是将此事务(每一次命令的开始至结束阶段)送到 Slave(工人),需要 Slave 开始对事务提交做准备。

（2）当事务送到每个 Slave 后,各个 Slave 均需做好提交准备,但仍需向 Master 反馈信息,若各个 Slave 均做好了提交准备,就可向 Master 发送 OK 信息;若无法准备该事务,则向 Master 发送 ABORT 信息。

（3）Master 发送提交语句给 Slave 后,需要等待所有 Slave 发送 OK 和 ABORT 反馈。全部 Slave 发送 OK 信息后,Master 会告诉 Slave 提交该事务;若某个 Slave 发送 ABORT 信息,Master 就会告诉 Slave 中止该事务。

（4）每个 Slave 发送反馈给 Master 后,各个 Slave 需要等待 Master 发送 OK 和 ABORT 命令。若每个 Slave 均收到 OK 信息,它们就会自动提交该事务,且仍要向 Master 发送已提交的确认;若 Slave 收到中止该事务的命令,则它们会撤回之前操作的所有改变,自动释放所有占用的资源,完成整个中止事务过程,并向 Master 发送已中止该事务的确认。

（5）Master 收到来自所有 Slave 的确认消息后,做出响应——该事务是否被提交。进而继续如此循环,对下一个事务进行处理。

该过程需要传递 4 次信息,Slave 与 Master 往复传递信息,导致数据更新速度特别慢,所以对网络也提出了更高的要求——千兆级别以上。

索引列存于主存,非索引列存于内存。在该方式下,若其中的数据发生了更改,集群就把更改的数据记录写入重做日志,然后选定若干个检查点,定期将数据写入磁盘。

4. 优缺点

MySQL 集群从其诞生至应用推广,得到了很多忠实用户的青睐,它具有其他集群不具有的优点。

（1）可用性非常高,可到 99.99%。

（2）扩展性强,支持在线扩容。

（3）高吞吐量和低延迟。

（4）分布式体系结构较灵活,不会出现单点故障。

同时,该集群也存在需要改进的地方,需要在使用过程中不断发现问题,并进行创新。其主要缺点如下。

（1）存在许多限制。

（2）部署、管理、配置非常复杂。

（3）占用磁盘空间大,内存需求大。

（4）对数据的备份和恢复极不方便。

（5）数据加载所花时间过长。

4.5 加载 MyCat

4.5.1 MyCat 简介

1. MyCat 的概念

MyCat 是一个开源的分布式数据库系统,是一个实现了 MySQL 协议的服务器,在前端可以被看作一个数据库的代理,可以用 MySQL 客户端工具和命令访问,在后端可以用 MySQL 原生协议与 MySQL 服务器进行通信,也可以通过 JDBC 协议与主流数据库服务器进行通信,它的核心功能是分表分库,换句话说,就是将一个大量级表水平分割为多个小量级表,分别存储在后端的 MySQL 服务器或者其他数据库服务器中。

MyCat 发展至今,已不再是纯粹的 MySQL 代理,它的后端支持 SQL Service、MySQL、Oracle 等多数主流数据库,也支持 MongoDB 等新型的非关系数据库,随着目前的发展情况,相信未来还会支持更多类型数据的存储。在用户眼中,MyCat 只是一个传统的数据库表,支持标准的 SQL 语句,可大大提升其性能,对前端开发者而言,可以大幅降低开发难度,提升开发速度。总体说来,MyCat 的特点如下:

(1) 一种彻底开源的、面向企业应用开发的大数据库集群。

(2) 支持事务、ACID、可以替代 MySQL 的加强版数据库。

(3) 一个开源的、被视为 MySQL 集群的企业级数据库,可用来替代昂贵的 Oracle 集群。

(4) 一个融合内存缓存技术、NoSQL 技术、HDFS 大数据的新型 SQL Service。

(5) 结合传统数据库和新型分布式数据仓库的新一代企业级数据库产品。

(6) 一个新颖的数据库中间件产品。

2. 使用 MyCat 的必要性

在传统思维中,我们只需要 MySQL 数据足矣,但面对庞大的 MySQL 集群,就需要使用 MyCat。若一个项目只由一个人负责,就不需要团队沟通,而当团队足够大,由多人组成时,就需要一个管理者,协同组内人员的沟通交流,那么这个管理者,就是项目组的负责人(抽象)。同样,当任务只需要一台数据库服务器时,完全没有必要使用 MyCat,若项目很大,需要分库和分表,就需要很多数据库,需要一个管理者来管理这些数据库,最上层的应用只需要面对一个数据库层的负责人就可以了,这就是 MyCat 的作用。换句话说,数据库是底层存储文件的负责人,而 MyCat 是数据库层的负责人。

4.5.2 MyCat 的关键特性

MyCat 具有如下优点。

(1) 支持 SQL 92 标准。

(2) 支持 MySQL、Oracle、DB2、SQL Server、PostgreSQL 等 DB 的常见 SQL 语法。

(3) 遵守 MySQL 原生协议,可跨语言、跨平台、跨数据库;基于心跳的自动故障切换,支持读写分离、MySQL 主从以及 Galera cluster 集群。

(4) 支持 Galera for MySQL 集群、Percona Cluster 或者 MariaDB Cluster。

(5) 基于 Nio 实现,有效管理线程,解决高并发问题。

(6) 支持数据的多片自动路由与聚合,支持 sum、count、max 等常用的聚合函数,支持跨库分页。

(7) 支持单库内部任意 join,支持跨库表 join,甚至基于 caltlet 的多表 join。

(8) 支持通过全局表,ER 关系的分片策略,实现了高效的多表 join 查询。

(9) 支持多租户方案。

(10) 支持分布式事务(弱 XA)。

(11) 支持 XA 分布式事务(1.6.5)。

(12) 支持全局序列号,解决分布式下的主键生成问题。

(13) 分片规则丰富,插件化开发,易于扩展。

(14) 强大的 Web,命令行监控。

(15) 支持前端作为 MySQL 通用代理,后端 JDBC 方式支持 Oracle、DB2、SQL Server、MongoDB、巨杉。

(16) 支持密码加密。

(17) 支持服务降级。

(18) 支持 IP 白名单。

(19) 支持 SQL 黑名单、SQL 注入攻击拦截。

(20) 支持 prepare 预编译指令(1.6);246a 支持非堆内存(Direct Memory)聚合计算(1.6)。

(21) 支持 PostgreSQL 的 Native 协议(1.6)。

(22) 支持 MySQL 和 Oracle 存储过程,out 参数、多结果集返回(1.6)。

(23) 支持 ZooKeeper 协调主从切换、ZK 序列、配置 ZK 化(1.6)。

(24) 支持库内分表(1.6)。

(25) 集群基于 ZooKeeper 管理,在线升级,扩容,智能优化,大数据处理(2.0 开发版)。

4.5.3　拓扑结构

随着电子商务等互联网业务的不断增长,企业对于数据库集群的需求越来越多,这为 MyCat 的发展带来了机遇,但也带来了很多挑战。MyCat 由管理层、应用层、SQL 解析组件层、通信层、数据库层等组成,如图 4-57 所示。其中,最下层为 MySQL 数据库,负责管理存储下面的文件;第二层为通信层,负责通过通信协议连接数据库和 SQL 执行组件;第三层为 SQL 解析组件层,包括排序、聚合和合并,该层通过应用连接池和通信协议控制应用层;第四层为应用层,负责外接一些应用处理;最高层为管理层,负责监控与管理,包括会话管理、心跳管理、内存管理、线程管理等,起最终决策作用。

4.5.4　MyCat 的功能描述

由于 MyCat 是一个数据库中间件,是在架构中位于数据库和应用层之间的一个组

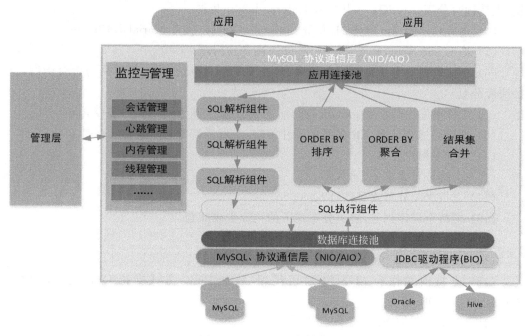

图 4-57　MyCat 拓扑结构

件，并且对于应用层是透明的，这表示数据库根本感受不到 MyCat 的存在，所以可以将 MyCat 理解为数据库的抽象。MyCat 有三大主要功能：分表、读写分离和主从切换。

1. 分表

对于千万级别以上的大数据，MySQL 的性能下降很多，所以必须控制每张表的数据在百万级别。对于一张数量很大的表，可以考虑将其按照一定的规则分解为不同的小表，放置在不同的数据库中，减少每个数据库容量过大的负担，但其性能会受到一点影响。

MyCat 的作用就是自动实现分表，分表的规则很多，其主要按照数据库某字段的 hash 值片，截取某字段的几位数字，匹配分区号、时间等。分表的原则就是尽量避免跨库操作（跨库操作必将损失许多性能），且尽量减少数据迁移，最后 MyCat 会合并所有数据库的结果。

2. 读写分离

在平时的操作中，我们发现对数据库的大部分操作均是读操作，一般在建立数据库时写入数据，其后读取数据较多。因此，非常有必要做读写分离，尽量减少从库的资源浪费。如图 4-58 所示的高可用-读写分离分为一个读库和一个写库，读库和写库中还配有从库，MyCat 的作用就是通过合理调度进行主从库的读写操作。

MyCat 的读写分离是在 scheme.xml 中配置的，详见如下信息。

```
<writeHost hostM1="host1" url="192.168.72.131:3306" user="root" password=
"123456">
<!-- can have multi read hosts -->
```

```
<readHost hostS1="host2" url="192.168.72.132:3306" user="root" password=
"123456" />
</writeHost>
```

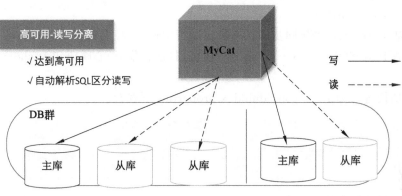

图 4-58 读写分离

读写分离需要配置参数。

Schema.dataHost 参数 balance 设置值。

（1）balance＝"0"，不开启读写分离机制，所有读操作都发送到当前可用的 writeHost 上。

（2）balance＝"1"，全部的 readHost 与 stand by writeHost 参与 selec-t 语句的负载均衡，简单地说，当双主双从模式（M1->S1,M2->S2，并且 M1 与 M2 互为主备），正常情况下，M2、S1、S2 都参与 select 语句的负载均衡。

（3）balance＝"2"，所有读操作都随机地在 writeHost、readhost 上分发。

（4）balance＝"3"，所有读请求随机地分发到 wiriterHost 对应的 readhost 执行，writerHost 不承担读压力。

事务内的 SQL，默认走写节点，若以注释/balance/开头，则会根据 balance＝"1"或 "2"去获取非事务内的 SQL，开启读写分离默认根据 balance＝"1"或"2"去获取，若以注释/balance/开头，则会走写解决部分已经开启读写分离，但需要一致性数据实时获取的场景走写库。

3. 主从切换

MyCat 的主从切换也是在 scheme.xml 中配置的，详见如下信息。

```
<dataHost name="dh-01" maxCon="1000" minCon="10" balance="1"
   writeType="0" dbType="mysql" dbDriver="native" switchType="1"
slaveThreshold="100">
   <heartbeat>select user()</heartbeat> <writeHost host="hostM1"    url
="localhost:3306" user="root" password="root"> </writeHost><writeHost host
="hostS1" url="localhost:3306" user="root" password="root">
```

```
    </writeHost>
</dataHost>
```

SwitchType 的主要属性如下。

（1）表示不自动切换。

（2）基于 MySQL 主从同步的状态决定是否切换，心跳语句为 show slave status。

（3）基于 MySQL galary cluster 的切换机制（适合集群）心跳语句为 show status like 'wsrep％'。

主从切换进行标记，在 conf/dnindex.properties 下查看。

```
# update
# Tue Jul 25 14:20:40 CST 2017
dh- 01= 0
```

使用中需要注意以下几点。

- 前提是配置至少两个 writeHost。
- 开启自动切换。
- 能不自动切换就别自动切换。
- 能手动执行就不要自动执行。
- 数据丢失问题。
- 原主库加入后当加入从库。

4.5.5　MyCat 下载安装

安装 MyCat 之前需要安装 JDK 和 MySQL，下面介绍其下载安装。

1. JDK 下载安装

（1）从官网下载 JDK，登录官网，单击 downloads 按钮下载 Java SE，最新版本为 10.0.1，此次下载的 JDK 版本为 jdk-8u171-linux-x64-tar.gz。

（2）查看当前 Linux 系统是否自带 Java，输入命令“rpm -qa ｜ grep java”。

（3）若有开放的 Java，需要卸载，卸载命令为“rpm -e --nodeps 要卸载的软件”。

（4）在 Linux 目录下新建目录 app，将第（1）步下载的 JDK 上传到该 Linux 下的 app 目录下。

（5）进入 app 目录，解压该 JDK，这里解压到 usr/local 目录下，解压命令为“tar -xvf jdk-7u71-linux-i586.tar.gz -C /usr/local”。

（6）配置 JDK 环境变量，打开/etc/profile 配置文件，具体如下。

① vi /etc/profile。

② 单击 i。

③ 输入如下内容。

```
      export  JAVA_HOME=/usr/local/jdk1.8.0.171    export
CLASSPATH=.:$JAVA_HOME/lib/dt.jar:$JAVA_HOME/lib/tools.jar
      export  PATH=$JAVA_HOME/bin:$PATH
```

④ 按 Esc 键，输入 wq 即可。

(7) 重新加载/etc/profile 配置文件，命令为“source /etc/profile”。

(8) 查看是否安装成功，命令为“java -version”，实际输入命令时不需要加双引号。如图 4-59 所示代表该 JDK 安装成功。

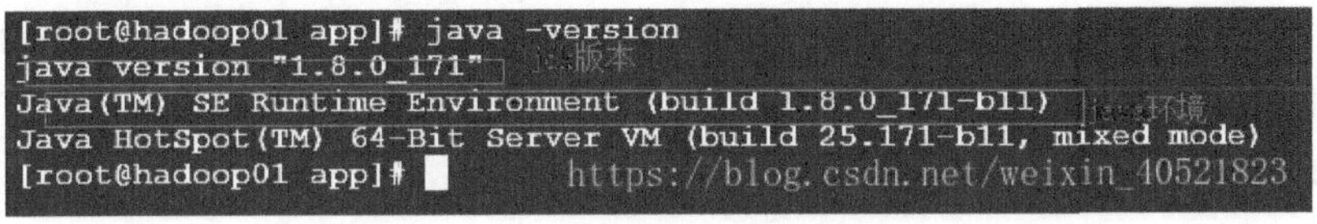
[root@hadoop01 app]# java -version
java version "1.8.0_171"
Java(TM) SE Runtime Environment (build 1.8.0_171-b11)
Java HotSpot(TM) 64-Bit Server VM (build 25.171-b11, mixed mode)
[root@hadoop01 app]#
https://blog.csdn.net/weixin_40521823

图 4-59 检验 JDK 是否安装成功

2. MySQL 下载安装

MySQL 在 Linux 环境下的下载安装，不再赘述，详见 2.7.2 小节。

3. MyCat 下载安装

(1) 需要从官网下载 MyCat，也可以从 GitHub 中下载，这里下载的 MyCat 版本为

```
Mycat-server-1.6-RELEASE-20161028204710-linux.tar.gz;
```

(2) 在 Linux 下重新将 MyCat 的压缩包上传到 Linux 的 app 目录下。

(3) 在/usr/local/下新建目录 mycat，命令为“mkdir mycat”，实际输入命令时不需要加双引号。

(4) 解压文件，这里解压到 usr/local/mycat 目录下，解压命令为“tar -xvf Mycat-server-1.6- RELEASE- 20161028204710-linux.tar.gz -C/usr/local/mycat”，实际输入命令时不需要加双引号。

(5) 设置环境变量，命令为“vim/usr/local/mycat/.bash_profile”，实际输入命令时不需要加双引号。

输入以下内容。

```
export MYCAT_HOME=/usr/local/mycat
PATH=$PATH:$MYCAT_HOME/bin;
```

(6) 令修改生效，命令为“source .bash_profile”，实际输入命令时不需要加双引号。

(7) 测试是否配置成功，命令为“echo $ MYCAT_HOME”，实际输入命令时不需要加双引号。

4.6　加载数据流

随着科学技术的发展,在信息计算领域中,会实时产生 Web 应用上的用户单击信息、实时通话记录信息、金融数据交易信息、网络化数据交换信息、车辆实时运行信息等,这些数据与传统存储的静态数据相比,具有与时间相关的实时动态性,我们把这些数据称为数据流。数据流对于新兴领域及其传统领域,均有极大的作用,对于这些数据流形态的新型数据,传统的静态数据库理论和技术已无法更好地应用。近年来,国内外极其重视对数据流的研究,并产生了两个研究方向,一是数据流挖掘算法和技术,即数据流理论模型及其处理算法的研究;二是数据流管理系统的研究。这里研究其 ETL 的过程,并对其单一的数据流加载进行研究。

4.6.1　流概述

1. 数据流的概念

数据流(Data Stream)是指一组有顺序的、有起点和终点的字节集合,程序从键盘接收数据或向文件中写数据,且在网络连接上进行数据读写操作,均可以使用数据流完成,如图 4-60 所示。

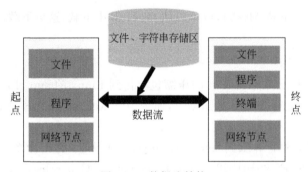

图 4-60　数据流结构

2. 数据流的分类

由于数据的格式、性能、描述方式不一致,因此数据流的处理方法也不一致。在 Java I/O 包中,基本 I/O 流类可按照其读写数据的类型不同分为字节流和字符流。

(1) I/O 流。

数据流按流动方式可分为输入流(Input Stream)和输出流(Output Stream)。输入流,顾名思义,是针对输入侧而言的,其主要特点是只能读而不能写;反之,输出流是只能写而不能读。通常情况下,在程序中利用输入流来读出数据,用输出流写入数据。换句话说,数据经过输入流流入程序中,再经过输出流将此数据从程序中流出。

从数据获取上,输入流一般来自键盘和文件;而从数据的流向上,输出流一般流向显示器、打印机或进行文件间的数据传输。

(2) 缓冲流。

在数据的传输中,其传输速率一直是一大瓶颈,为了提高数据的传输速率,数据科学家做了很多尝试,而使用最为广泛的是缓冲流。也就是说,特意为一个流配置一个缓冲区,该缓冲区就是专门用于传输数据的内存块。

缓冲流的工作原理为:当数据写入缓冲流时,系统并不直接将该数据送到外部设备,而是将它们存到缓冲区,当缓冲区数据存满时,系统自动将数据全部分发给相应的外部设备,如此往复。

3. 数据流研究现状

数据流自 1998 年提出至今,已有 20 多年的历史,当时把数据流作为一种新的数据处理模型,自此以后,在数据库与数据挖掘的几大顶级会议中,数据流均被视为一大研究热点,每年发表多篇有关数据流处理的论文。

国外学者对数据流的研究相对较早,已提出许多好的思想和方法,同时获得了一些比较成熟的研究成果。经过多年的应用和发展,数据流问题的研究主要分为两大方向,其一是数据流挖掘;其二是数据流管理和查询系统。数据流挖掘主要研究数据流的分析处理方法,特别是分析数据流的在线处理。

国内对数据流的研究起步较晚,现仍处于初级阶段,目前主要集中于研究数据流处理的理论、算法和应用。国内高校和研究所主要承担起该项目的研究和应用,在多年发展中,已有不错的成绩。比如,中科院计算所主要研究面向网络信息安全构建一个数据流计算模型,复旦大学主要专注于流数据管理和挖掘的研究。

4.6.2 数据流的基本性质

数据流模式与传统的关系数据模式相比,有以下几方面的区别。

- 数据是联机实时、快速到达的。
- 处理系统无法控制所处理的数据的到达顺序。
- 数据可能是无限多的。
- 考虑数据量的庞大,数据流中的元素被处理后将存档或抛弃。

数据流模式具有以下三大特点。

1. 数据的到达——快速性

在短时间内产生大量的数据,并且需要处理这些数据,这对于处理器和输出设备来讲,都是很大的负担,因此对数据流的处理必须尽可能简单高效。

2. 数据的范围——广域性

这些产生数据的属性的取值范围非常之大,且取值非常多,如姓名、电话、地址、网络节点、形状等,这就导致了数据流无法在内存和硬盘中存储。若处理的数据维度较小,即使数据量非常大,仍可以保存在较小的存储器中。

3. 数据的到达时间——持续性

从数据流产生的根本特点上看,数据的持续到达意味着数据量可能是无限的。考虑到数据会不断地到达,具有实时性,所以对数据的处理并不是一次性的,且处理后的数据并不是最终的结果。因此对数据流的查询不是一次性能完成的,而是持续性的,即随着底层数据的到达而不断返回最新的结果。

4.6.3 数据流的基本操作

1. 生成数据流的基本过程

数据流由一系列的节点组成,当数据通过每个节点时,节点对它进行定义好的操作。建立数据流通常遵循以下4个步骤。

(1)向数据流区域增添新的节点。

(2)将这些节点连接到数据流中。

(3)设定数据节点或数据流的功能。

(4)运行数据流。

2. 向数据流区域添加、删除节点

(1)添加节点。

向数据流区域添加新节点有以下3种方法:

* 双击选项板区中待添加的节点;
* 单击待添加节点,按住鼠标左键不放,将其拖入数据流区域内;
* 先选中选项板区中待添加的节点,然后将鼠标指针移入数据流区域,当鼠标指针变为十字形时,单击数据流区域的任何空白处。

(2)删除节点。

通过以上3种方法都将发现选中的节点出现在了数据流区域内。当不再需要数据流区域内的某个节点时,可以通过以下两种方法删除:

* 单击待删除的节点,按Delete键删除;
* 右击待删除的节点,在弹出的快捷菜单中选择Delete选项。

注意,删除一个节点后,与之相连的所有连接也将一并删除。

3. 将节点连接到数据流中

以上介绍了将节点添加到数据流区域的方法,然而要使节点真正发挥作用,还需要把节点连接到数据流中,以下3种方法可将节点连接到数据流中。

(1)双击节点。选中数据流中要连接新节点的节点(起始节点),双击选项板区中要添加到数据流的节点(目标节点),这样新节点会出现在数据流区域,并自动建立从起始节点到目标节点的连接。

(2)通过Alt键连接。在数据流中选中连接起始节点,按住Alt键,用鼠标将起始节

点拖曳到目标节点后放开,连接便自动生成。

(3)手动连接。右击待连接的起始节点,在弹出的快捷菜单中选择"连接"选项,然后单击目标节点,连接便自动生成。

需要注意的是,并不是任何两个节点之间都可以建立连接。

4. 绕过数据流中的节点

当暂时不需要数据流中的某个节点时,可以绕过该节点。在绕过它时,如果该节点既有输入节点又有输出节点,那么它的输入节点和输出节点便直接相连;如果该节点没有输出节点,那么绕过该节点时,与这个节点相连的所有连接便被取消。

方法为按住 Alt 键不放,双击数据流中需要绕过的节点。

5. 将节点插入已存在的连接中

当需要在两个已连接的节点中再插入一个节点时,用鼠标将连接拖到要插入的节点上,即可将节点插入连接中,同时原来两个节点间的连接会被删除。

6. 删除连接

当某个连接不再需要时,可以通过以下两种方法将其删除:

(1)选择待删除的连接,右击,在弹出的快捷菜单中选择"删除连接"选项;

(2)选择待删除连接的节点,按 F3 键,删除所有连接到该节点上的连接。

7. 数据流的执行

数据流构建好后只有执行数据流,数据才能从读入开始流向各个数据节点。执行数据流的方法有以下 3 种:

(1)单击菜单栏中的▶按钮,数据流区域内的所有数据流均被执行;

(2)选择要输出的数据流,单击菜单栏中的▶按钮,被选择的数据流将被执行;

(3)选择要执行的数据流中的输出节点,右击,在弹出的快捷菜单中选择"执行"选项,执行被选中的节点。

4.6.4　数据流的描述方法

使用持续赋值语句描述数据流的运动路径、运动方向和运动结果的设计方法,称为数据流描述方法。

【例 4-4】　module NAND2_G(A,B,F);　//模块声明及输入、输出端口列表

```
input A,B;                    //定义输入端口
output F;                     //定义输出端口
assign F=~(A&B);              //数据流描述
endmodule                     //模块结束
```

对于表达式 assign F=~(A&B);右边的操作数 A、B 无论何时发生变化,都会引起

表达式值的重新计算,并将重新计算后的值赋予左边的网线变量 F。

4.7 小 结

本章主要探讨了 ETL 的最后一个过程(数据加载),对数据加载做了更深层次的分析,包括数据加载的概念、方式、意义等;探讨了全量数据加载方式的过程;对数据仓库进行了全面的剖析,并在此基础上建立了销售数据仓库;对基于 SQL 和数据加载方式做了简单分析,了解 SQL 的基本性质、MySQL 集群体、数据流的性质特点等;对 MyCat 进行了说明,包括定义、结构、功能,及基本安装。通过本章的讲解,读者可对 ETL 有更深层次的了解,在接下来的章节中,将通过实际案例进行分析。

4.8 习 题

一、填空题

1. 数据加载方式有:_____ 和_____。

2. MyCat 有三大关键功能:_____、_____ 和_____。

3. 数据加载子系统的流程主要有:_____、_____ 和_____。

4. 数据仓库的特性有:_____、_____、_____ 和_____。

5. 数据仓库的组成部分有:_____、_____、_____、_____、_____ 和_____。

6. 常见的基于关系数据库的多维数据模型主要有:_____、_____ 和_____。

7. SQL 分为 4 类:_____、_____、_____ 和_____。

8. 数据流可分为:_____ 和_____。

9. 数据流模式的性质包括:_____、_____ 和_____。

二、简答题

1. 通过查看 MyCat 官网,简述 MyCat 的监控功能。

2. 比较 MySQL 与 MyCat,分析各自的优势。

3. 数据加载方式有哪些?

4. 在数据仓库的创建中,有哪些注意事项?

5. 数据流加载有哪几种方式?

6. 简述数据流加载的主要步骤和注意事项。

三、思考题

1. 按照本章的数据仓库方式,设计学校教务管理的数据仓库。

2. 简述如何搭建 MySQL 集群,并分析其与 MyCat 的区别。

3. 查看 MyCat 官网,试着利用 MyCat 对少量数据进行加载。

4. 数据流加载存在哪些问题?该如何理解?

大数据 ETL 实现

学习计划：

- 了解 Spark 的基本原理和性质
- 掌握 Spark 的安装装置和 ETL 实现
- 了解 Spark 的交互模式
- 掌握 Hadoop 平台的搭建
- 了解 Hive 的安装方法和基本性质
- 了解 Sqoop 的基本应用

在大数据时代，人们需要处理和使用的数据越来越多。对于企业来说，数据已经成为企业的生存基础，能否利用好自己的数据对企业的发展至关重要。数据库技术为企业分析海量数据提供了有效方案，而在数据仓库的构建过程中，ETL 往往是整个过程中最耗时和复杂的阶段。日益增长的数据处理量对 ETL 技术提出了更高的性能要求，也带来了更大的挑战。

5.1 Spark 的分布式 ETL 实现

为了应对海量数据的 ETL 处理需求，用分布式并行技术实现 ETL 很有必要。尽管当前基于 MapReduce(Hadoop 的一个子项目)范型实现的分布式 ETL 方案能够实现海量数据的高效处理，但是由于 MapReduce 编程模型的限制，即 MapReduce 只有两种处理方式，以及多步的处理过程中存在的高 I/O(输入/输出)开销，使其在 ETL 的转换过程中存在一些性能问题，在处理效率和处理速度方面还有许多优化空间。针对大数据的"海量"特征，以及基于 MapReduce 范型实现的分布式 ETL 方案的局限性，结合数据仓库理论知识和分布式处理技术，基于 Spark 对分布式并行 ETL 技术进行研究，近年来又提出了一种分布式 ETL 的设计方案，重点研究数据转换过程中转换处理的并行实现，并根据不同的转换处理类型给出了适用的解决方法。针对前期非聚集操作，如基本的数据清洗、数据格式标准化操作，提出了基于分区的并行管道处理算法，以分区为单位处理数据，从而提高数据转换效率；对于聚集操作，如事实表的数值数据的聚合操作，采用了分区预聚合方法，以减小数据传输频率。结果显示，提出的方法能够明显加速大数据量的转换处理，进而提高分布式 ETL 的性能和处理效率。本章对基于 Spark 的数据处理流程进行了性能优化讲解。详细分析了Spark在处理中的常见数据倾斜问题,根据不同场景下的数据倾斜情况,分别给出了对应的并行优化策略。最后,通过开发一个实际的决策支持系统,阐述了基于Spark的分布式ETL的设计与应用情况,包括与传统ETL开发方案的比较分析,分析结果证明了基于Spark的分布式ETL方案的有效性和高可扩展性。

5.1.1　Spark概述

ApacheSpark是专为大规模数据处理而设计的快速、通用的计算引擎。Spark是加州大学伯克利分校的AMP实验室开源的类Hadoop与MapReduce的通用并行框架,Spark拥有Hadoop MapReduce的优点,但不同于MapReduce的是,Job的中间输出结果可以保存在内存中,从而不再需要读写HDFS,因此,Spark能更好地适用于数据挖掘与机器学习等需要迭代的MapReduce的算法。

Spark是一种与Hadoop相似的开源集群计算环境,但是两者之间还存在一些不同,这些不同使Spark在某些工作负载方面表现得更加优越。换句话说,Spark启用了内存分布数据集,除了能够提供交互式查询外,还可以优化迭代工作负载。

Spark是使用Scala语言实现的,它将Scala用作其应用程序框架。与Hadoop不同,Spark和Scala能够紧密集成,Scala可以像操作本地集合对象一样轻松地操作分布式数据集。

尽管创建Spark是为了支持分布式数据集上的迭代作业,但是实际上它是对Hadoop的补充,可以在Hadoop文件系统中并行运行。通过名为Mesos的第三方集群框架可以支持此行为。

5.1.2　Spark数据模型——RDD

弹性分布数据集(Resilient Distributed Dataset,RDD)是Spark的最基本抽象,是对分布式内存的抽象使用,实现了以操作本地集合的方式来操作分布式数据集的抽象实现。RDD是Spark最核心的部分,它表示已被分区,不可变的并能够被并行操作的数据集合,不同的数据集格式对应不同的RDD实现。RDD必须是可序列化的。RDD可以cache到内存中,每次对RDD数据集操作之后的结果,都可以存放到内存中,下一个操作可以直接从内存中输入,省去了MapReduce的大量磁盘I/O操作。这对于迭代运算比较常见的机器学习算法和交互式数据挖掘来说,效率提升比较大。

可以将RDD理解为一个大的集合,将所有数据都加载到内存中,方便多次重用。第一,它是分布式的,可以分布在多台机器上进行计算;第二,它是弹性的,在计算处理过程中,机器的内存不够时,它会和硬盘进行数据交换,虽然从某种程度上会降低性能,但是可以确保计算得以继续进行。

RDD是分布式只读且已分区的集合对象。这些集合是弹性的,如果一部分数据集丢失,则可以对它们进行重建,具有自动容错、位置感知调度和可伸缩性,而容错性是最难实现的。大多数分布式数据集的容错性有两种方式:数据检查点和记录数据的更新。对于大规模数据分析系统,数据检查点操作成本很高,主要原因是大规模数据在服务器之间传输带来的各方面问题,相比记录数据的更新,RDD也只支持粗粒度的转换,也就是记录如何从其他 RDD 转换而来（即 Lineage），以便恢复丢失的分区。

RDD 的特性为：数据存储结构不可变；支持跨集群的分布式数据操作；可对数据记录按 key 分区；提供了粗粒度的转换操作；数据存储在内存中，保证了低延迟性。

5.1.3　Spark 的安装配置

Spark 安装可以分为三步：安装 JDK 和 Spark、配置 Spark 和启动 Spark。

1. 安装 JDK 和 Spark

在安装 JDK 和 Spark 时，需要部署虚拟机、下载 Spark 和 JDK 安装包，详见如下步骤。

（1）机器部署：准备一台以 Linux 为操作系统的服务器，安装好 JDK 1.7。

（2）如图 5-1 所示，下载 Spark 安装包。

图 5-1　下载 Spark 安装包

（3）上传解压安装包。上传 spark-1.5.2-bin-hadoop 2.6.tgz 安装包到 Linux 上。

（4）解压安装包到指定位置。打开 Linux 系统命令行，输入"tar -zxvf spark-1.5.2-bin-hadoop2.6.tgz -C /home/hadoop/app"。

2. 配置 Spark

配置 Spark 需要修改"spark-env.sh.template""spark-env.sh"和"slaves.template"文件，详细步骤如下。

（1）进入 Spark 安装目录。

```
cd /home/hadoop/app/spark-1.5.2-bin-hadoop2.6
```

进入 conf 目录重命名并修改"spark-env.sh.template"文件。

```
cd conf/
mv spark-env.sh.template spark-env.sh
```

（2）在"vi spark-env.sh"配置文件中添加如下配置。

```
export JAVA_HOME=/home/hadoop/app/jdk1.7.0_65
export SPARK_MASTER_IP=weekend110
export SPARK_MASTER_PORT=7077
```

（3）保存并退出。

（4）重命名并修改"slaves.template"文件。

```
mv slaves.template slaves
```

（5）在"vi slaves"文件中添加子节点所在的位置（Worker节点）weekend110。

（6）保存并退出。

（7）Spark集群配置完毕，目前是1个Master和1个Worker，在weekend110上启动Spark集群。

```
/home/hadoop/app/spark-1.5.2-bin-hadoop2.6/sbin/start-all.sh
```

（8）启动后执行"jps"命令，主节点上有Master进程，其他子节点上有Worker进程，如图5-2所示，登录Spark管理界面查看集群状态（主节点）。

图5-2　登录Spark

至此，单节点Spark集群安装完毕，但是Master节点存在单点故障，要解决此问题，需借助ZooKeeper，并且至少启动两个Master节点来实现高度可行，配置方式比较简单，如下所示。

Spark集群规划：node1、node2是Master；node3、node4、node5是Worker。

（1）在node1节点上修改slaves配置文件内容，指定Worker节点。

（2）在node1上执行sbin/start-all.sh脚本，然后在node2上执行sbin/start-master.sh，启动第二个Master。

3. 执行第一个Spark程序

```
spark-submit --class org.apache.spark.examples.SparkPi --master spark://
weekend110:7077 --executor-memory 500m --total-executor-cores 2/home/
hadoop/app/park-1.6.2-bin-hadoop2.6/lib/spark-examples-1.6.2-hadoop2.6.0.
jar 10
```

该算法是利用蒙特卡罗算法求PI，参数说明如下。

（1）"--master spark://weekend200：7077"指定了Master的地址。

（2）"--executor-memory 1G"指定了每个 Worker 可用内存为 1GB。

（3）"--total-executor-cores 2"指定了整个集群使用的 CUP 核数为 2。

spark-shell 是 Spark 自带的交互式 Shell 程序,方便用户进行交互式编程,用户可以在该命令行下用 Scala 编写 Spark 程序。

5.1.4 分布式 ETL 总体架构

第 2 章介绍了基于 Hadoop 平台的 ETL 实现过程。在基于 MapReduce 模型实现的 ETL 中,在转换阶段的多步数据处理过程中存在一些性能限制。而在 Spark 的多步数据处理过程中,可以将中间数据缓存到内存中,从而多次重用已缓存数据,直到全部数据处理完后保存到目标结果中。因而使用 Spark 进行 ETL,能极大减少使用 Hadoop 平台进行 ETL 过程中的磁盘 I/O 次数,提高整体过程的处理效率和处理性能。图 5-3 所示是基于 Spark 的 ETL 过程中的数据流向图。

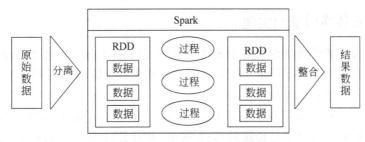

图 5-3 基于 Spark 的 ETL 数据流向图

从图 5-3 中可以看出,原始数据经过分离(spilt)成若干部分,交予 Spark 进行处理,最终将处理后的数据整合(merge)成结果数据。相比于 Hadoop 平台,基于 Spark 的 ETL 过程将主要的数据转换处理"封装"在 Spark 中,基于 Spark 的内存处理单元 RDD 完成复杂和耗时的转换处理,利用 RDD 的可缓存性,尽量减少转换过程中的 I/O 开销,从而提高 ETL 的整体性能。

基于 Spark 的分布式 ETL 架构如图 5-4 所示。首先从数据源抽取出需要的细粒度原始数据,暂存到 HDFS 中,抽取的数据源可以是关系数据库、文本文件等,抽取实现则可以根据数据源格式选择可用的 Sqoop 工具或者使用 HDFS 的上传功能;之后进入正式的转换阶段,此阶段基于 Spark 集群,通过从 HDFS 中读取各数据块创建 RDD 来完成一系列的转换处理,其中转换处理分为前期的格式化处理和之后的整合处理,包括数据清洗、数据过滤、数据转换、数据聚合等转换操作;最后将转换完成的结果数据加载到目标数据仓库中,加载实现可以直接通过 JDBC 中间件将数据写到目标(DW)中,或者先将数据保存为指定格式(CSV、Parquet)的文件,再进行后续加载。

本章主要介绍基于 Spark 的并行 ETL 的过程,重点关注数据转换过程中的并行实现。从图 5-4 所示的架构中也可以看出,数据转换过程是 ETL 中相对复杂和耗时的阶段,它需要对抽取到的源数据进行一系列连续的转换操作,以得到符合要求的目标数据。

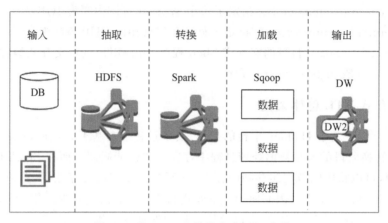

图 5-4　基于 Spark 的分布式 ETL 架构

5.1.5　分布式转换引擎的实现

　　用户通过分布式转换引擎对数据源进行操作,它是基于 Spark 框架的分布式 ETL 工具的中枢,其功能是从 ETL 脚本中读取任务流程相关节点信息,再对脚本解析后,根据相关信息调用不同的流程节点执行。

　　分布式转换引擎包括流程解析模块、流程执行模块、Spark 流程节点和用户扩展模块。流程解析模块读取命令行传递的 ETL 脚本,并对 ETL 脚本进行解析,根据任务执行序列和流程节点依赖关系调用相应的 Spark 流程节点或者用户扩展模块,动态编译加载用户自定义的函数。用户扩展模块则读取用户自定义的 Java 源代码,将 Java 源代码进行动态编译,或者对 Java Class 文件进行加载运行。

　　采用解析脚本的方式实现分布式转换引擎,主要是从扩展性和灵活性两方面考虑,增加分布式 ETL 工具的适应面。同时还在分布式转换引擎中添加用户扩展模块,通过使用向用户提供的 Java 源代码进行动态编译加载的方式,给用户自定义转换节点功能的空间。

　　分布式转换引擎从 ETL 脚本中读取任务流程节点类型信息,根据流程节点类型的不同,分为普通流程节点、Java 源代码、外部类三种情况。当类型为普通流程节点时,直接调用分布式 ETL 工具提供的相应 Spark 流程节点。当类型为 Java 源代码时,会根据源代码创建 JavaFileManagerImpl 对象,然后通过 JavaSourceCompiler 类中的 JavaCompileTask 对象调用 JavaCompilerClassLoader 对象,最终执行 JavaCompiler 的 getTask 函数进行动态编译。当类型为 class 时,会根据 ETL 脚本参数中的类名执行 JavaCompilerClassLoader 类中的 class.forname() 函数进行加载,但是必须将外部类文件放置到指定目录,或者打成 Jar 包放置到 classpath 中。具体执行流程如图 5-5 所示。

1. 流程解析模块

　　流程解析模块的功能为解析 ETL 脚本的内容,读取命令行传递的 ETL 脚本,并对 ETL 脚本进行解析,生成任务执行序列和流程节点依赖关系。本书规定 ETL 脚本的格式如表 5-1 所示。

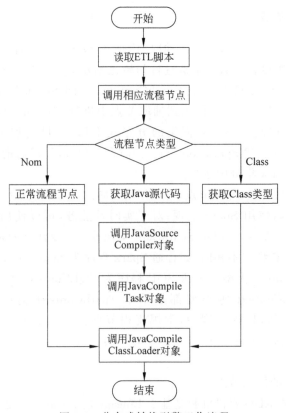

图 5-5　分布式转换引擎工作流程

表 5-1　ETL 脚本格式

内　　容	解　　析
流程节点序号	当前流程节点的序号(开始节点序号为 0,结束节点序号为 1)
前驱节点序号	为其前驱节点的序号,若前驱节点为多个,则以逗号分隔
流程节点名称	当前流程节点的名称
流程节点类型	有 5 种类型:start、extract、transform、load 和 end
流程节点参数	流程节点的参数设置

流程解析模块就是要对这种格式的 ETL 进行解析,使基于 Spark 的分布式 ETL 工具能灵活地执行多种用途的 ETL 任务。在 5 种类型的流程节点中,extract、transform、load 分别代表 ETL 流程中的抽取、转换、加载 3 种类型节点。值得注意的是,在 ETL 流程中增加了 start 和 end 两种类型的节点,在整个 ETL 流程中,start 节点主要负责初始化 Spark 集群,根据脚本提供的参数创建 SparkContext。end 节点表示 ETL 脚本结束,只有添加 end 节点后,分布式转换引擎才会将 Spark 任务提交到集群中执行。另外,在 ETL 流程中有且仅有一个 start 节点和一个 end 节点。

2. Spark 流程节点

常规的 ETL 工具将流程节点分为抽取、转换、加载 3 种类型，但是 Spark 程序在执行真正工作代码前，必须设置参数对集群进行初始化创建 SparkContext。另外需要注意的是，每个 Spark 程序有且只有一个 SparkContext，不同 SparkContext 之间无法共享 RDD。虽然可以将集群参数初始化放到抽取节点中进行，但是由于 ETL 流程可能存在多个抽取节点，所以在基于 Spark 框架的分布式 ETL 工具增加了开始节点，负责对 Spark 集群进行初始化创建 SparkContext。同时在 ETL 流程最后增加结束节点，负责将 Spark 程序提交到 Spark 集群中运行。

对于常规的抽取、转换、加载节点，可以使用不同的 Spark 处理模型实现。例如，对于常规批处理任务，可以使用 Spark 实现；对于实时性业务，可以使用 SparkStreaming 实现；对于海量数据查询业务，可以用 SparkSQL 实现等。需要注意的是，在 Spark 框架中，各个模块的 Context 类型并不相同，如普通 Spark 程序为 SparkContext，SparkStreaming 程序为 StreamingContext 类型，Spark SQL 程序为 SQLContext 类型等，并不能随意转换。不过由于 SQLContext 等类型都是基本 SparkContext 类型的子类，可以通过 SparkContext 转换。所以，在实现中，常规流程节点会根据需要对开始节点中生成的 SparkContext 进行转换，并在流程节点结束时再转换为 SparkContext 传给下一个流程节点。

（1）基于 Spark 的抽取节点。

在 Spark 框架中，RDD 容错机制是基于 Lineage 的。Lineage 是由不同 RDD 的转换关系构成的计算链，可以把这个计算链认为是 RDD 之间演化的"血统"。在由于部分 Spark 集群节点故障导致 RDD 计算结果丢失时，只需要根据 Lineage 重新计算该 RDD 即可，整个 Spark 程序并不会失败。

这就会带来一个问题，如果数据源数量巨大，则全量抽取过程可能会持续时间较长，若中间有集群节点出现故障导致 RDD 结果丢失，就需要重新执行整个抽取操作。所以，为了减少 Spark 集群中间 RDD 计算结果丢失后重新抽取的开销，将每个 RDD 的抽取数量限制到一定大小，比如每个 RDD 大小设置为 20 000 条数据，这样当某一个 RDD 出错后，重新计算的开销仅仅为抽取这个 20 000 条数据的开销，而不是重新抽取源数据库中的所有数据，会大大减少重新抽取的开销，当数据量较大时将会带来性能的提升。

所以，基于 Spark 的全量抽取节点在对源数据库进行抽取时，首先获取表中的数据总条数、主键值的最大值和最小值，之后根据单个 RDD 限制数量的大小，计算出将要划分的 RDD 数，创建多个连接并行抽取源数据库中的数据。

（2）基于 Spark 的转换节点。

在抽取数据后，在将数据加载到目的数据库之前，经常需要处理某些数据。例如，常见的数据迁移情况是数据源和数据目的表结构不一致，列名不相同，这时就需要转换原始数据的列名；或者在迁移时只需要处理部分数据，这时可以直接将不需要处理的数据传递为加载节点，将需要处理的数据进行转换处理后再加载，这个过程如图 5-6 所示。

经过抽取节点处理后，数据流分为两部分：发往转换节点的转换数据流和直接加载

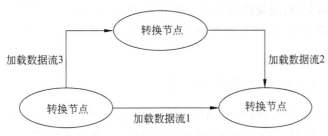

图 5-6 有转换节点的数据迁移模型

的加载数据流 1,转换数据流在转换节点处理后,生成加载数据流 2 发往加载节点。

因为在对数据进行转换处理时,抽取节点的元数据结构以及处理需求都不相同,很多都依赖于具体问题,为了向用户提供灵活处理抽取数据的能力,从两方面向用户提供提交针对具体问题的 Java 源代码的功能。

① 通过向 Spark 操作算子提供函数。

② 通过用户扩展模块动态编译加载执行码。

两种方式在形式上最主要的区别在 ETL 脚本中参数的类型上,第①种方式不需要特殊说明类型,直接放置在流程节点的参数列表中,由流程节点直接运行;第②种方式则需要标明为用户自定义功能 Java 源代码,由用户扩展模块对 Java 源代码进行动态编译加载执行。

(3) 基于 Spark 的加载节点。

加载节点是 ETL 流程的结束,通过 Spark 的 action 算子实现,业务逻辑相对比较简单,只需要将转换节点处理后的数据持久化到目的数据库即可。简单的做法是直接通过 foreach 算子执行 SQL 语句,将数据写入到目的数据库中,但这会使每个记录都向数据库服务器申请创建一个连接对象,创建和销毁每个数据的连接对象将会造成不必要的时间和资源开销。因为 Spark 框架的 RDD 是一个分散式内存数据集,RDD 中的数据存放在多个集群节点中,所以不能直接以 RDD 为单位向数据库服务器申请创建连接对象执行 SQL 语句,这会导致某些集群节点由于未创建连接而不能执行 SQL 操作。

因为 RDD 在集群的不同节点都存在一个分区,所以需要使 ForeachPartition 算子为每个分区创建一个单独的连接对象,使用该连接执行所有在该 RDD 分区的 SQL 语句,充分利用 Spark 集群多节点的并发性。

5.1.6 SparkStreaming 的实时同步实现

SparkStreaming 实现同步,主要利用增量抽取机制进行,下面介绍增量抽取机制和 SparkStreaming 的增量抽取机制。

1. 增量抽取机制

数据抽取节点是 ETL 流程的开始节点,直接影响数据转换节点和数据加载节点时的处理速度,如果数据抽取节点效率低,那么即便数据转换节点和数据加载节点使用分布式处理框架,也不能提高整个 ETL 流程的处理效率。可以从多主机并行抽取和增量抽取两方面提高数据抽取效率,增量抽取机制要比全量抽取更加复杂,要求在一定时间段内精确迅速地抽取改变的数据,同时不能增加太大的负荷,影响源数据库服务器上业务的正常运行。

2. SparkStreaming 的增量抽取机制

SparkStreaming 是 Spark 核心 API 的一种扩展,通过它可以实现对实时流数据的高吞吐量、低容错率处理。SparkStreaming 可以很好地支持流数据格式,如很好地支持 Kafka、Flume、Kinesis、Twitter、Zero MQ、MQTT 等工具生成的流数据,这是当前多数公司收集日志或者数据常用的方法,具有广泛的适应性。

SparkStreaming 的内部实现原理是接收实时输入数据流并将数据流划分为微批次,然后由底层的 Spark 框架引擎分批处理,生成最终的结果流。SparkStreaming 将原始流数据抽象为 DStream 的离散数据流。DStream 是 SparkStreaming 提供的基本抽象,代表了一个连续的数据流,这个数据流可以是从数据源接收的,也可以是对输入流进行处理后的数据流。因为在内部,它由多个 RDD 连续序列表示,所以也是不可改变的数据集抽象,DStream 中的每个 RDD 都包含数据流上某个时间间隔的数据集。基于 SparkStreaming 的程序运行周期如下。

(1) 设置 Spark Conf,并生成 JavaStreamingContext 对象。

(2) 通过创建输入 DStream 定义输入数据源。

(3) 通过对 DStream 应用转换算子和输出操作定义数据流的计算流程。

(4) 使用 StreamingContext.start()函数开始接收流数据并根据第(2)步的计算流程进行运算。

(5) 使用 streamingContext.awaitTermination()函数等待数据流运算结束。

在 Spark 程序中有两种方法可以生成 SparkStreaming 运行时需要的 JavaStreamingContext:直接使用 SparkConf 对象生成,以及从现有 Spark 通用的 JavaSparkContext 对象转换。第一种方法直接生成 JavaStreamingContext,但是之后就不能使用 Spark SQL 等其他库的函数(各自都有自己格式的 Context);而第二种方法在 Java StreamingContext 关闭后,可以继续使用 JavaSparkContext 转换为其他格式的 Context,因此选择第二种方式生成 StreamingContext。

5.2　Spark 完成在 ETL 时的相关技术

本节主要讲述 Spark 的架构,分析 Spark 执行 Application 的实现逻辑,为后续扩展为 Web Service 提供理论支持。通过分析 Spark 的 Master 模块,可以深入理解 Spark 集群的交互调用模式,从而设计出合适的 SparkWebService。

为了后续描述更为准确,便于理解,介绍后续用到的部分 Spark 组件。

- Application:是指用户提交的 Spark 程序,运行时由 Driver 与 Executor 组成。
- Driver:用户运行 Application 时执行 main()函数,创建 SparkContext 的过程。
- Executor:在 Worker 节点上由 Application 启动的,执行分配的 Tasks 的进程。

- Worker：Spark 计算节点,由 Application 启动 Executor 进程。
- ClusterManager：Master 管理 Worker,负责分配计算资源。有 3 种类型的 ClusterManager,为 Standalone、Mesos 和 YARN。
- Task：一个分发给 Executor 的运行任务。
- Job：一个并行计算的、包含多个 Task 的计算动作。

5.2.1 SparkApplication 提交逻辑分析

SparkApplication 是一个独立运行在 Spark 集群上的进程,Application 之间互不影响,每个 Application 都有各自的 SparkContext,拥有 SparkContext 对象的程序也称为 Driver。

Spark 集群由 ClusterManager 和 Worker 两部分组成,有 Client 和 Cluster 两种运行模式。Client 模式是指 Driver 程序运行在集群外部,Cluster 模式则相反,Driver 运行在集群内部,由某个 Worker 启动,可以将结果显示在 Web UI 上或者发送给某个接收者。此外,对于清洗系统来说,功能需求上更偏向于将 Driver 程序运行在集群外部自行管理,即 Client 模式。实际的整个 Spark 集群模块架构如图 5-7 所示。

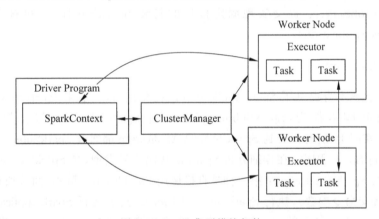

图 5-7　Spark 集群模块架构

SparkContext 连接集群管理器,有 Standalone、Mesos 和 YARN 三种,这些管理器负责分配集群的计算资源,包括使用哪几个计算节点负责计算,每个节点分配多少个 CPU 核,每个节点使用多少内存等底层硬件资源。一旦连接成功,Spark 就会向资源管理器请求在计算节点 Worker 上创建 Executor,创建好之后,Spark 会自动将 Application 的 Jar 包(或者 Python 文件)以及配置文件等发送到所有的 Executor 上。最终,由 SparkContext 将 Tasks 发送到 Executor 上执行。发送 Jar 等文件就是为了将其添加到 classpath 中,避免 ClassLoader 错误,这也是后续系统设计过程中必须解决的问题。

Spark 整体架构模块划分十分清晰,抛开底层复杂的数据计算流以及集群数据传输等问题,可以针对 Driver 将 Spark 集群的调用方式研究清楚。无论是 Client 模式还是 Cluster 模式,SparkApplication 的入口都是 DriverProgram,也就是 SparkContext 对象。所以,需要进一步从 SparkContext 入手探索如何正确调用 Spark 集群。

SprakContext 是每个 Application 各自的运行容器环境,Context 即为运行上下文,在编程框架内定义为容器,Spark 本身是分布式计算框架,所以 SparkContext 也就是 Spark 容器。SparkContext 很好地将 Application 分隔开来,同时运行多个 Application 也不会产生数据冲突(但是会有内存容量、CPU 核数等计算资源竞争),相互独立。从 Spark 源代码中查看 SparkContext 的具体实现,可以发现内部包含了整个 Spark 程序的 各个模块,SchedulerBackend、TaskScheduler、Metrics、SparkEnv 等对象都在 SparkContext 内 生成。SparkContext 就代表了 Application 的生命周期,通过 SparkContext 能够执行所有需 要的计算功能。

在清洗整个 SparkApplication 提交逻辑之后,就可以在真正计算任务提交到集群计 算节点之前的某一个运行环节上,建立与 Spark 集群的计算交互。

5.2.2　Spark 交互模式

Spark 交互模式可以按照执行对象的不同划分为 3 种。

- SparkSubmit:提交完整的 SparkApplication。
- SparkShell:提交具体执行的数据操作代码块。
- SparkJobServer:提交实现固定接口的封装 SparkJob 程序(可被看作部分的 SparkApplication)。

1. SparkSubmit

Spark 源代码本身提供了 SparkApplication 的提交接口,一般来说,SparkApplication 通 过 SparkSubmit 脚本提交,SparkSubmit 底层通过 SparkSubmit 类执行提交的 Spark Application。实际上,所有提交到 Spark 集群的 Application 都通过 SparkSubmit 类反射调用 main 方法运行 Spark 程序。在详细分析 Spark 源代码之后发现,在 SparkSubmit 接口下,有 两种方式执行 SparkApplication:第一种是直接调用 SparkSubmit 脚本(间接通过 sparkclass 脚本预处理提交命令参数),执行 SparkSubmit 的 main 方法,运行 SparkApplication;第二种 是通过调用 launcher 包下的 SparkLauncher,通过可编程接口,运行一个子进程,也就是 SparkSubmit 的 main 方法的子进程本质上通过 JDK 提供的 launcher 库实现,不同的是,可 以直接在外部程序中通过函数库启动 SparkApplication。因为这两种方式的脚本与可编程 接口本质上都是调用 SparkSubmit 类运行 SparkApplication,所以这一系列的方式可以称为 SparkSubmit 模式。

2. SparkShell

SparkShell 调用 SparkSubmit 执行 repl.Main 类,实现 SparkInterpreter,本质上还是 通过 SparkSubmit 执行了 repl.Main 类,但是作为 Interpreter,在用户交互方式上不再是 以用户提交 Application 方式执行,而是逐句解释执行用户 Spark 代码,在交互模式上与 SparkSubmit 完全不同,所以这一类可以单独划分,称为 SparkShell 模式。

3. SparkJobServer

SparkJobServer 模式不依赖 SparkSubmit 的 main 方法反射执行 SparkApplication,

因为提交的 SparkApplication 实现其自定义的接口，SparkContext 也是由其服务端自行管理。与前面两种方式不同，整个计算过程只有任务计算才真正提交到 Spark 集群上，而这之前的工作都由服务端独立完成（即管理 SparkContext）。

所以，后续分析都是基于这三种 Spark 交互模式，选择其中最合适的一种，将 Spark 扩展为 WebService，同时满足 Spark 清洗工具的要求。

5.2.3　使用 Spark 实现 ETL

很多传统基于 Hadoop 实现的大数据 ETL 工具都在转而使用 Spark，最直接的一个原因是 Spark SQL 对于大数据的操作处理在效率、可扩展性、易用性等方面都比 Hadoop 要好。Spark SQL 是 Spark 专门用于处理结构化数据的一个模块，提供了抽象的数据结构与分布式的 SQL 查询引擎。

Spark SQL 提供了丰富的数据接口 DataFrame，它不仅兼容了之前 Hadoop 上所有的数据来源，还支持很多通用的数据格式，如 JSON、Parquet 等。另外，SparkStreaming 也为 Spark 提供了实时流数据处理接口，不仅支持 Kafka 等消息中间件系统，更具有极高的可靠性设计。

本章考虑的问题是如何基于 Spark SQL 实现 ETL 的数据操作功能，因为在性能与扩展性方面，Spark 本身就已经有了很好的支持。那么，Spark SQL 是如何与 ETL 的 3 个过程联系到一起的呢？

Spark SQL 天生支持 Extract 与 Transform，主要是因为其 DataFrame 的数据结构有丰富的数据操作接口，可满足数据分析需求。另外，Spark SQL 能够通过执行基本的 SQL 语句完成数据对象的 Select、Update 等操作，同时提供了对应的 API 直接完成数据处理，对于更为复杂的 join 等操作，也都能极好地支持。

DataFrame 拥有丰富的数据源接口完成 Load。

DataFrame 支持 Hadoop 平台（主要是 HDFS）以及其他第三方的大数据存储系统接口，支持读取与存储各种文件格式。基于 Hadoop 实现的数据存储包括文件系统层面的存储，也包括类似 Hive 与 HBase 等分布式数据库的查询写入，所以在 DataFrame 上完成查询处理的数据能够方便地写入外部存储。

相比之前在 Hadoop 环境下实现 ETL 需要通过 MapReduce，并且程序中包含复杂的操作逻辑（Java 对于数据处理的操作能力很低），对于第三方数据存储的支持也远没有 DataFrame 丰富，所以采用 Spark 替代 Hadoop 完成 ETL 工作，显然是正确的选择。

5.2.4　小结

本节主要分析了 SparkApplication 的提交流程，以及底层关于 SparkApplication 的执行逻辑，包括分发 jar、创建 Driver Program 与 SparkContext 等工作，理清这里面的思路之后，选择进一步研究 Spark 集群的交互模式，寻找合适的方式介入，其中 Spark 本身提供 SparkSubmit 模式下的 Application 提交，并且提供了基于 Launcher 的编程接口，但这对于每个 Application 都需要创建新的 SparkContext，而不是仅仅运行其内部的 Job 逻辑，无法满足高频率的 Job 提交服务。所以继续选择 SparkJobServer，将 SparkContex 与

Job 逻辑分离，提交的 Jar 包仅含有 SparkJob 执行部分，SparkContext 由 JobServer 统一维护。最后简单分析了如何基于 Spark 完成 ETL 工作，主要在可行性与易用性方面，Spark 提供了 DataFrame 的数据结构与其外部数据源接口。

5.3　Hive 的 ETL 实现

5.3.1　Hive 简介

1. 什么是 Hive

Hive 是基于 Hadoop 的一个数据仓库工具，可以将结构化的数据文件映射为一张数据库表，并提供类 SQL 查询功能。

2. 为什么使用 Hive

直接使用 Hadoop 面临以下 3 大问题：人员学习成本太高；项目周期要求太短；MapReduce 实现复杂查询逻辑开发难度太大。

为什么要使用 Hive? 主要考虑以下 3 方面：操作接口采用类 SQL 语法，提供快速开发的功能；避免了编写 MapReduce；减少开发人员的学习成本。

3. Hive 的特点

（1）可扩展性。

Hive 可以自由地扩展集群的规模，一般情况下不需要重启服务。

（2）延展性。

Hive 支持用户自定义函数，用户可以根据自己的需求实现自己的函数。

（3）高容错性。

良好的容错性，节点出现问题，SQL 仍可完成执行。

5.3.2　Hadoop 伪分布式集群搭建

Hadoop 伪分布式集群搭建主要分为 4 步：准备 Linux 环境、安装 JDK、安装 Hadoop 和进行 ssh 免密码登录。

1. 准备 Linux 环境

准备 Linux 环境主要包括选择网关、修改主机名、修改 IP 地址和关闭防火墙等步骤。
（1）将虚拟机的网络模式选为 NAT。
（2）修改主机名。

```
vi /etc/sysconfig/network
NETWORKING=yes
HOSTNAME=weekend110
```

（3）修改 IP 地址。

有两种方式：其一，通过 Linux 图形界面修改（强烈推荐）。进入 Linux 图形界面→右击右上方的两个小计算机图标→单击 Edit Connections→单击选中当前网络 System eth0→单击 edit 按钮→选择 IPv4→method 选择为 manual→单击 add 按钮→添加 IP 为 192.168.2.200，子网掩码为 255.255.255.0，网关为 192.168.2.1→apply；其二，修改配置文件方式，如图 5-8 所示。

```
vim /etc/sysconfig/network-scripts/ifcfg-eth0
```

```
192.168.2.200  ×
DEVICE=eth0
BOOTPROTO=none
IPV6INIT=yes
NM_CONTROLLED=yes
ONBOOT=yes
TYPE=Ethernet
UUID="ce22eeca-ecde-4536-8cc2-ef0dc36d4a8c"
HWADDR=00:0c:29:3c:bf:e7
IPADDR=192.168.2.200
PREFIX=24
GATEWAY=192.168.2.1
DNS1=8.8.8.8
DEFROUTE=yes
IPV4_FAILURE_FATAL=yes
IPV6_AUTOCONF=yes
IPV6_DEFROUTE=yes
IPV6_PEERDNS=yes
IPV6_PEERROUTES=yes
IPV6_FAILURE_FATAL=no
NAME="System eth0"
LAST_CONNECT=1508418640
USERCTL=no
~
~
~
~
~
"/etc/sysconfig/network-scripts/ifcfg-eth0" [readonly] 22L, 401C
```

图 5-8　修改配置文件

（4）修改主机名和 IP 地址的映射关系，如图 5-9 所示。

```
vim /etc/hosts，添加一行 192.168.2.200
```

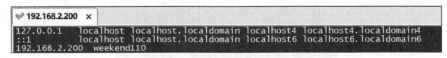

```
192.168.2.200  ×
127.0.0.1    localhost localhost.localdomain localhost4 localhost4.localdomain4
::1          localhost localhost.localdomain localhost6 localhost6.localdomain6
192.168.2.200  weekend110
```

图 5-9　修改主机名和 IP 地址的映射关系

（5）关闭防火墙。

① 查看防火墙状态。

```
service iptables status
```

② 将防火墙关闭。

```
service iptables stop
```

③ 查看防火墙开机启动状态。

```
chkconfig iptables --list
```

④ 关闭防火墙开机启动。

```
chkconfig iptables off
```

（6）修改 sudo。

```
su root
vim /etc/sudoers
```

为 Hadoop 用户添加执行的权限，关闭 Linux 服务器的图形界面。

```
vi /etc/inittab
```

（7）重启 Linux。

在命令行输入 reboot。

2. 安装 JDK

之前在介绍 Spark 时已经安装过 JDK，所以这里不需要再安装一次。

3. 安装 Hadoop 2.4.1

从官网下载 Hadoop 安装包，上传 Hadoop 的安装包到服务器/home/hadoop/目录下，注意：Hadoop 2.x 的配置文件 $ HADOOP_HOME/etc/hadoop；接着解压，再对该伪分布式修改 5 个配置文件。

（1）配置 Hadoop。

进入 Hadoop 目录下，home→app→hadoop-2.4.1→etc→hadoop，命令为"cd/home/hadoop/app/hadoop-2.4.1/etc/hadoop"，编辑文件 hadoop-env.sh，命令为"vi hadoop-env.sh"，最后在此文件下配置 Java 路径，如图 5-10 所示。

```
# The java implementation to use.
export JAVA_HOME=/home/hadoop/app/jdk1.7.0_65
```

图 5-10　添加配置信息

编辑 core-site.xml 文件，命令为"vi core-site.xml"，配置信息如图 5-11 所示。

```
<!-- Put site-specific property overrides in this file. -->
<configuration>
<property>
<name>fs.defaultFS</name>
<value>hdfs://weekend110:9000/</value>
</property>

<property>
<name>hadoop.tmp.dir</name>
<value>/home/hadoop/app/hadoop-2.4.1/data/</value>
```

图 5-11　修改 core-site.xml

编辑文件 hdfs-site.xml,命令为"vi hdfs-site.xml",配置信息如图 5-12 所示。

图 5-12　修改 hdfs-site.xml

编辑文件 mapred-site.xml,命令为"mv mapred-site.xml.template mapred-site.xml"
和"vi mapred-site.xml",配置信息如图 5-13 所示。

图 5-13　修改 mapred-site.xml

编辑文件 yarn-site.xml,命令为"vi yarn-site.xml",配置信息如图 5-14 所示。

图 5-14　修改 yarn-site.xml

(2) 将 Hadoop 添加到环境变量。

编辑配置文件,etc→profile,命令为"vi /etc/proflie",对其配置 Hadoop 环境,如图 5-15
所示。

图 5-15　为 Hadoop 配置环境变量

经过图 5-15 所示的环境变量配置后,需要将此配置加载到系统环境变量中,其命令
为"source /etc/profile"。

(3) 格式化 NameNode(对 NameNode 进行初始化)。

```
hdfs namenode - format (hadoop namenode - format)
```

（4）启动 Hadoop。

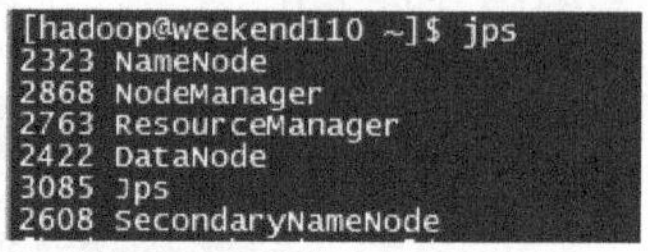

先启动 HDFS，启动命令为"sbin/start-dfs.sh"；再启动 YARN，启动命令为"sbin/start- yarn.sh"。

```
[hadoop@weekend110 ~]$ jps
2323 NameNode
2868 NodeManager
2763 ResourceManager
2422 DataNode
3085 Jps
2608 SecondaryNameNode
```

图 5-16　验证启动程序

（5）通过命令"jps"可查看启动了哪些进程，进而验证 HDFS 和 YARN 是否启动成功，如图 5-16 所示代表启动成功。

可以登录以下网址查看 Hadoop 的 HDFS 管理界面和 MapReduce 管理界面。

http://192.168.2.200：50070（HDFS 管理界面），http://192.168.2.200：8088 （MR 管理界面）。

4. 配置 ssh 免密码登录

生成 ssh 免密码登录，需要执行以下操作。

（1）进入我的 home 目录。

```
cd ~/.ssh
```

ssh-keygen -t rsa（连续按 4 次 Enter 键）

（2）执行完上个命令后，会生成两个文件 id_rsa（私钥）、id_rsa.pub（公钥），将公钥复制到要免密码登录的目标机器上。

```
ssh-copy-id localhost
```

（3）ssh 免密码登录。

生成 key，命令为"ssh-keygen"，实际操作不需要加引号。

（4）从 A 复制到 B 上。

```
ssh-copy-id B
```

（5）验证。

```
ssh localhost/exit,ps -e|grep ssh
ssh A
```

若出现 A 主机登录到 B 主机中执行，表示 ssh 登录配置成功。

5.3.3　Hive 的安装配置

Hive 安装配置首先需要下载安装包、上传解压安装、配置环境变量，最后安装 MySQL 数据库。

（1）在 Hive 官网下载 Hive 安装包，登录后，下载版本为 Hive-1.2.1，如图 5-17 所示。

（2）将 Hive 文件上传到 Hadoop 集群并解压，将文件上传到/home/hadoop。

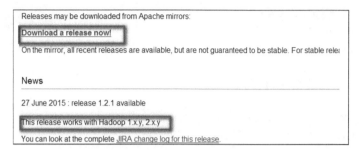

图 5-17　在 Hive 官网下载安装包

```
tar - zxvf apache-hive-1.2.1-bin.tar.gz -C /home/hadoop/app
cd /home/hadoop/app,修改 hive 的文件夹名
mv hive-0.12.0.tar.gz hive
```

（3）配置环境变量，编辑 vi /etc/profile，如图 5-18 所示。

```
unset i
unset -f pathmunge
export JAVA_HOME=/home/hadoop/app/jdk1.7.0_65
export HADOOP_HOME=/home/hadoop/app/hadoop-2.4.1
export HIVE_HOME=/home/hadoop/app/hive
export PATH=$PATH:$JAVA_HOME/bin:$HADOOP_HOME/bin:$HADOOP_HOME/sbin:$HIVE_HOME/bin
```

图 5-18　为 Hive 配置环境变量

使用如下代码令其配置的环境变量生效。

```
source /etc/profile
```

（4）修改 Hive 配置文件，代码如下。

```
vi hive-site.xml
```

然后将图 5-19 所示的信息写入 hive-site.xml 文件中。

```
<configuration>
<property>
<name>javax.jdo.option.ConnectionURL</name>
<value>jdbc:mysql://weekend01:3306/hive?createDatabaseIfNotExist=true</value>
</property>
<property>
<name>javax.jdo.option.ConnectionDriverName</name>
<value>com.mysql.jdbc.Driver</value>
</property>
<property>
<name>javax.jdo.option.ConnectionUserName</name>
<value>root</value>
</property>
<property>
<name>javax.jdo.option.ConnectionPassword</name>
<value>aaaa</value>
</property>
</configuration>
```

图 5-19　修改 hive-site.xml

（5）安装 MySQL 并配置 Hive 数据库及权限。

① 安装 MySQL 数据库及客户端，代码如下。

```
yum install mysql-server
yum install mysql
service mysqld start
```

② 配置 Hive 元数据库，代码如下。

```
mysql -u root -p
create database hivedb;
```

③ 对 Hive 元数据库进行授权，开放远程连接和 localhost 连接，代码如下。

```
grant all privileges on *.* to root@"%" identified by "root" with grant
option;
grant all privileges on *.* to root@"localhost" identified by "aaaa" with
grant option;
```

（6）运行 hive 命令即可启动 Hive，代码如下，其结果如图 5-20 所示。

```
cd /home/hadoop/app/hive/bin
./hive
```

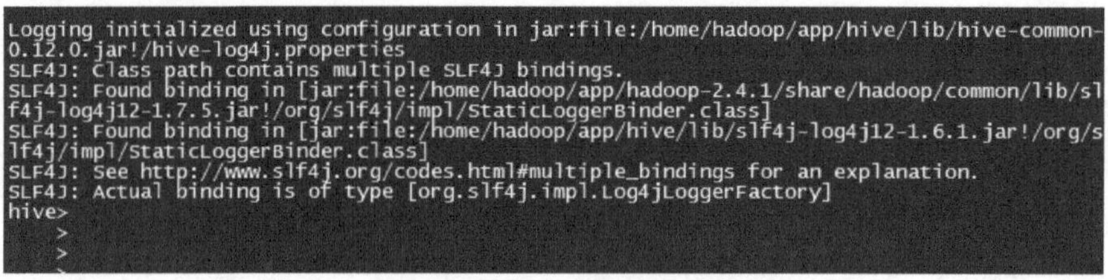

```
Logging initialized using configuration in jar:file:/home/hadoop/app/hive/lib/hive-common-
0.12.0.jar!/hive-log4j.properties
SLF4J: Class path contains multiple SLF4J bindings.
SLF4J: Found binding in [jar:file:/home/hadoop/app/hadoop-2.4.1/share/hadoop/common/lib/sl
f4j-log4j12-1.7.5.jar!/org/slf4j/impl/StaticLoggerBinder.class]
SLF4J: Found binding in [jar:file:/home/hadoop/app/hive/lib/slf4j-log4j12-1.6.1.jar!/org/s
lf4j/impl/StaticLoggerBinder.class]
SLF4J: See http://www.slf4j.org/codes.html#multiple_bindings for an explanation.
SLF4J: Actual binding is of type [org.slf4j.impl.Log4jLoggerFactory]
hive>
    >
    >
```

图 5-20 验证 Hive 是否安装配置成功

如果出现图 5-20 所示的界面，就说明 Hive 安装配置成功。

5.3.4　Hive 的基本操作

Hive 的基本操作主要包括数据定义语句 DDL 操作、数据操作语句 DML 操作等，下面介绍增、删、改、查数据表的基本操作。

1. 数据定义语句 DDL 操作

数据定义语句 DDL 操作，主要包括创建表、修改表和显示表命令等。

（1）创建表。

创建表的语法格式如下。

```
CREATE [EXTERNAL] TABLE [IF NOT EXISTS] table_name
    [(col_name data_type [COMMENT col_comment], ...)]
```

```
[COMMENT table_comment]
[PARTITIONED BY (col_name data_type [COMMENT col_comment], ...)]
[CLUSTERED BY (col_name, col_name, ...)
[SORTED BY (col_name [ASC|DESC], ...)] INTO num_buckets BUCKETS]
[ROW FORMAT row_format]
[STORED AS file_format]
[LOCATION hdfs_path]
```

参数说明如下。

① CREATE TABLE 创建一个指定名称的表。如果相同名称的表已经存在,则抛出异常;用户可以用 IF NOT EXISTS 选项忽略这个异常。

② EXTERNAL 关键字可以让用户创建一个外部表,在建表的同时指定一个指向实际数据的路径(LOCATION),Hive 创建内部表时,会将数据移动到数据仓库指向的路径;若创建外部表,仅记录数据所在的路径,不对数据的位置做任何改变。在删除表时,内部表的元数据和数据会被一起删除,而外部表只删除元数据,不删除数据。

③ LIKE 允许用户复制现有的表结构,但是不复制数据。

④ ROW FORMAT。用户在建表时可以自定义 SerDe 或者使用自带的 SerDe。如果没有指定 ROW FORMAT 或者 ROW FORMAT DELIMITED,将会使用自带的 SerDe。在建表时,用户还需要为表指定列,同时指定自定义的 SerDe,Hive 通过 SerDe 确定表的具体列的数据。

⑤ STORED AS。SEQUENCEFILE|TEXTFILE|RCFILE,如果文件数据是纯文本,则可以使用 STORED AS TEXTFILE。如果数据需要压缩,则使用 STORED AS SEQUENCEFILE。

⑥ CLUSTERED BY。对于每一个表(Table)或者分区,Hive 可以进一步组织成桶(Bucket),也就是说,桶是粒度更细的数据范围划分。Hive 也是针对某一列组织桶。Hive 采用对列值哈希,然后除以桶的个数求余的方式决定该条记录存放在哪个桶中。

为什么需要把表(或者分区)组织成桶? 有以下两点说明。

a. 获得更高的查询处理效率。桶为表加上了额外的结构,Hive 在处理有些查询时能利用这个结构。具体而言,连接两个在(包含连接列的)相同列上划分了桶的表,可以使用 Map 端连接 (Map-side join)高效地实现,如 JOIN 操作。对于 JOIN 操作两个表有一个相同的列,如果对这两个表都进行了桶操作,那么将保存相同列值的桶进行 JOIN 操作就可以,大大减少 JOIN 的数据量。

b. 使取样(Sampling)更高效。在处理大规模数据集时,在开发和修改查询的阶段,如果能在数据集的一小部分数据上试运行查询,会带来很多方便。

【例 5-1】 通过创建数据表操作,更好地熟悉此流程。

① 创建内部表 mytable,如图 5-21 所示。

② 创建外部表 pageview,如图 5-22 所示。

③ 创建分区表 invites,代码如下,创建结果如图 5-23 所示。

```
hive> create table if not exists mytable(sid int ,sname string)
    > row format delimited fields terminated by '\005' stored as textfile;
OK
Time taken: 7.607 seconds
hive> show tables;
OK
mytable
xp
Time taken: 0.687 seconds, Fetched: 2 row(s)
hive>
```

图 5-21　创建内部表 mytable

```
hive> create external table if not exists pageview(
    >         pageid int,
    >         page_url string comment 'The page URL'
    > )
    > row format delimited fields terminated by ','
    > location 'hdfs://192.168.11.191:9000/user/hive/warehouse/';
OK
Time taken: 13.028 seconds
hive> show tables;
OK
mytable
pageview
xp
Time taken: 1.018 seconds, Fetched: 3 row(s)
```

图 5-22　创建外部表 pageview

```
create table student_p(Sno int,Sname string,Sex string,Sage int,
Sdept string) partitioned by (part string) row format delimited fields
terminated by ','stored as textfile;
```

```
hive> create table if not exists invites(
    >         id int,
    >         name string
    > )
    > partitioned by (ds string)
    > row format delimited fields terminated by ',' lines terminated by '\n' stored as textfile;
OK
Time taken: 0.642 seconds
hive> load data local inpath '/root/app/datafile/invites.txt' overwrite into table invites partition (ds='20131229');
Copying data from file:/root/app/datafile/invites.txt
Copying file: file:/root/app/datafile/invites.txt
Loading data to table default.invites partition (ds=20131229)
Partition default.invites(ds=20131229) stats: [num_files: 1, num_rows: 0, total_size: 29, raw_data_size: 0]
Table default.invites stats: [num_partitions: 1, num_files: 1, num_rows: 0, total_size: 29, raw_data_size: 0]
OK
Time taken: 2.563 seconds
hive> load data local inpath '/root/app/datafile/invites.txt' overwrite into table invites partition (ds='20131230');
Copying data from file:/root/app/datafile/invites.txt
Copying file: file:/root/app/datafile/invites.txt
Loading data to table default.invites partition (ds=20131230)
Partition default.invites(ds=20131230) stats: [num_files: 1, num_rows: 0, total_size: 29, raw_data_size: 0]
Table default.invites stats: [num_partitions: 2, num_files: 2, num_rows: 0, total_size: 58, raw_data_size: 0]
OK
Time taken: 2.372 seconds
hive> show partitions inviteds;
FAILED: SemanticException [Error 10001]: Table not found inviteds
hive> show partitions invites;
OK
ds=20131229
ds=20131230
Time taken: 0.54 seconds, Fetched: 2 row(s)
```

图 5-23　创建分区表 invites

④ 创建带桶的表 student，如图 5-24 所示。

（2）修改表。

① 增加/删除分区。语法结构及其代码如下。

图 5-24　创建带桶的表 student

```
ALTER TABLE table_name ADD [IF NOT EXISTS] partition_spec [ LOCATION ' location1' ]
partition_spec [ LOCATION 'location2' ] ...
partition_spec:
: PARTITION (partition_col = partition_col_value, partition_col = partiton_
col_value, ...)
ALTER TABLE table_name DROP partition_spec, partition_spec,...
```

下面是增加分区的一个简单实例,对学生表进行操作,代码如下,结果如图 5-25 所示。

```
alter table student_p add partition(part='a') partition(part='b');
```

图 5-25　增加分区操作

下面是删除分区的一个简单实例,对学生表进行操作,代码如下,结果如图 5-26 所示。

```
alter table student drop partition(stat_date='20131231');
```

图 5-26　删除分区

② 重命名表。语法结构如下。

```
ALTER TABLE table_name RENAME TO new_table_name
```

例如,将表名 student 修改为 student1,代码如下,其操作如图 5-27 所示。

```
alter table nt rename to student1;
```

```
hive> show tables;
OK
invites
student
Time taken: 0.35 seconds, Fetched: 2 row(s)
hive> alter table student rename to student1;
OK
Time taken: 1.438 seconds
hive> show tables;
OK
invites
student1
Time taken: 0.246 seconds, Fetched: 2 row(s)
hive>
```

图 5-27 重命名表

③ 增加/更新列。语法结构如下。

```
ALTER TABLE table_name ADD|REPLACE COLUMNS (col_name data_type [COMMENT col_
comment], ...)
```

注意,ADD 是代表新增一个字段,字段位置在所有列后面(partition 列前),
REPLACE 则是表示替换表中的所有字段。

```
ALTER TABLE table_name CHANGE [COLUMN] col_old_name col_new_name column_type
[COMMENT col_comment] [FIRST|AFTER column_name]
```

例如,更新表 student 信息,其代码如下。

```
alter table student add columns(name1 string);
desc student;
alter table student replace columns(id int ,age int,name string);
desc student;
```

结果如图 5-28 所示。

(3) 显示命令。

```
show tables                          //显示表格
show databases                       //显示数据库
show partitions                      //显示分区
show functions                       //显示函数
desc formatted table_name            //显示表名
```

```
hive> desc student;
OK
id                      int                     None
age                     int                     None
name                    string                  None
stat_date               string                  None

# Partition Information
# col_name              data_type               comment

stat_date               string                  None
Time taken: 0.671 seconds, Fetched: 9 row(s)
hive> alter table student add columns (name1 string);
OK
Time taken: 1.405 seconds
hive> desc student;
OK
id                      int                     None
age                     int                     None
name                    string                  None
name1                   string                  None
stat_date               string                  None

# Partition Information
# col_name              data_type               comment

stat_date               string                  None
Time taken: 0.552 seconds, Fetched: 10 row(s)
hive> alter table student replace columns (id int,age int,name string);
OK
Time taken: 1.074 seconds
hive> desc student;
OK
id                      int                     None
age                     int                     None
name                    string                  None
stat_date               string                  None

# Partition Information
```

图 5-28　更新表操作

2. 数据操纵语句 DML 操作

数据操纵语句 DML 操作主要有 Load(加载)、Insert(插入)、导出数据表和 Select(查询)操作等。

(1) Load。

语法结构如下。

```
LOAD DATA [LOCAL] INPATH 'filepath' [OVERWRITE] INTO
TABLE tablename [PARTITION (partcol1=val1, partcol2=val2 ...)]
```

① Load 参数说明。Load(加载)的参数主要包括 Load、Filepath、Local 和 Overwrite 关键字。

a. Load,只是单纯的复制/移动操作,将数据文件移动到 Hive 表对应的位置。

b. Filepath,文件路径。包括相对路径、绝对路径和完整的 URI,相对路径,如 project/data1;绝对路径,如/user/hive/project/data1;完整的 URI,如 hdfs://weekend01: 9000/user/hive/ project/data1。

c. Local。

如果指定了 Local,那么 load 命令会查找本地文件系统中的 filepath。如果发现是相对路径,则路径会被解释为相对于当前用户的当前路径。load 命令会将 filepath 中的文件复制到目标文件系统中。目标文件系统由表的位置属性决定。被复制的数据文件移动到表的数据对应的位置。

如果没有指定 Local 关键字,则 filepath 指向一个完整的 URI,Hive 会直接使用这个 URI。如果没有指定 schema 或者 authority,则 Hive 会使用在 Hadoop 配置文件中定义的 Schema 和 Authority,fs.default.name 指定了 Namenode 的 URI。

如果路径不是绝对的,则 Hive 相对于/user/进行解释。Hive 会将 filepath 中指定的文件内容移动到 table(或者 partition)指定的路径中。

d. Overwrite。如果使用了 Overwrite 关键字,则目标表(或者分区)中的内容会被删除,然后再将 filepath 指向的文件/目录中的内容添加到表/分区中。

如果目标表(分区)已经有一个文件,并且文件名和 filepath 中的文件名冲突,那么现有的文件会被新文件替代。

② Load 操作案例。

【例 5-2】 将数据通过各自路径加载。

a. 加载相对路径数据,这里是将文本文件加载到 student 分区中,代码如下。

```
load data local inpath 'bquckets.txt' into table student partition(stat_date=
'20131231');
```

加载过程及结果如图 5-29 所示。

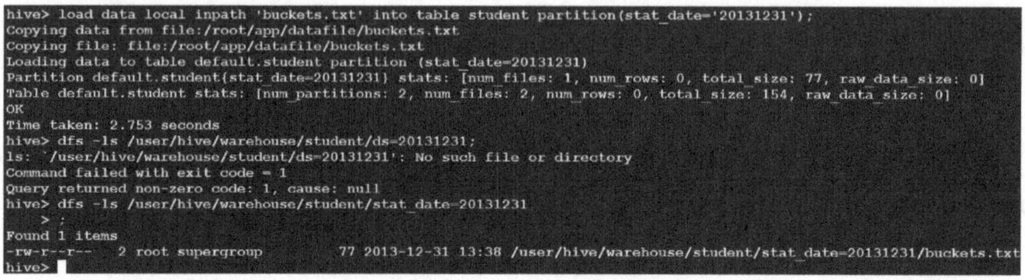

图 5-29　加载相对路径数据操作

b. 加载绝对路径数据,就是指明其完整路径,这里是将指定路径下的文本文件"/root/app/datafile/buckets.txt"加载到 student 分区中,代码如下。

```
load data local inpath '/root/app/datafile/buckets.txt' into table student
partition(stat_date='20131231');
```

过程和结果如图 5-30 所示。

c. 加载包含模式数据,就是指明文件所在网址下的绝对路径,这里是将"hdfs://192.168.11.191:9000/user/hive/warehouse/student/stat_date=20131230/bucket.txt"加载到 student 分区中,具体代码如下。

图 5-30　加载绝对路径数据操作

```
load data local inpath'//182.168.11.191:9000/suer/hive/warehouse
/student/stat_date=20131230/bucket.txt'into table student partition
(stat_date=' 20131231');
```

过程和结果如图 5-31 所示。

图 5-31　加载包含模式数据

d. Overwrite 关键字使用，就是使用关键词 Overwrite 加载文件，这里是将文本文件"buckets.txt"加载到 student 分区中，代码如下。

```
load data local inpath 'buckets.txt' overwrite into table student partition
(stat_date=' 20131229');
```

过程和结果如图 5-32 所示。

图 5-32　使用 Overwrite 关键字

（2）Insert（插入）。

将查询结果插入 Hive 表，可分为基本模式插入、多模式插入和自动分区模式插入。

① 基本模式插入，同样是对 student 分区进行操作，其代码如下。

```
insert overwrite table student partition(stat_date='20140101')
select id,age,name from student where stat_date='20131229';
select * from student where stat_date='20140101';
```

过程和结果如图 5-33 所示。

```
hive> insert overwrite table student partition(stat_date='20140101')
    > select id,age,name from student where stat_date='20131229';
Total MapReduce jobs = 3
Launching Job 1 out of 3
Number of reduce tasks is set to 0 since there's no reduce operator
Starting Job = job_1388055845553_0014, Tracking URL = http://cloud001:8088/proxy/application_1388055845553_0014/
Kill Command = /root/app/hadoop-2.2.0/bin/hadoop job  -kill job_1388055845553_0014
Hadoop job information for Stage-1: number of mappers: 1; number of reducers: 0
2013-12-31 14:29:50,899 Stage-1 map = 0%,  reduce = 0%
2013-12-31 14:29:58,601 Stage-1 map = 100%,  reduce = 0%, Cumulative CPU 1.2 sec
2013-12-31 14:30:00,230 Stage-1 map = 100%,  reduce = 0%, Cumulative CPU 1.2 sec
2013-12-31 14:30:01,541 Stage-1 map = 100%,  reduce = 0%, Cumulative CPU 1.2 sec
MapReduce Total cumulative CPU time: 1 seconds 200 msec
Ended Job = job_1388055845553_0014
Stage-4 is selected by condition resolver.
Stage-3 is filtered out by condition resolver.
Stage-5 is filtered out by condition resolver.
Moving data to: hdfs://192.168.11.191:9000/tmp/hive-root/hive_2013-12-31_14-29-36_507_3524413855677641980-1/-ext-10000
Loading data to table default.student partition (stat_date=20140101)
Partition default.student{stat_date=20140101} stats: [num_files: 1, num_rows: 0, total_size: 72, raw_data_size: 0]
Table default.student stats: [num_partitions: 5, num_files: 6, num_rows: 0, total_size: 452, raw_data_size: 0]
MapReduce Jobs Launched:
Job 0: Map: 1   Cumulative CPU: 1.2 sec   HDFS Read: 316 HDFS Write: 72 SUCCESS
Total MapReduce CPU Time Spent: 1 seconds 200 msec
OK
Time taken: 27.71 seconds
hive> select * from student where stat_date='20140101';
OK
1       20      zxm     20140101
2       21      ljz     20140101
3       19      cds     20140101
4       18      mac     20140101
5       22      android 20140101
6       23      symbian 20140101
7       25      wp      20140101
Time taken: 0.978 seconds, Fetched: 7 row(s)
hive>
```

图 5-33　基本模式插入操作

② 多模式插入，就是进行多个同样操作，代码如下。

```
insert overwrite table student partition(stat_date='20140102')
select id,age,name from student where stat_date='20131229';
insert overwrite table student partition(stat_date='20140103')
select id,age,name from student where stat_date='20131229';
```

过程和结果如图 5-34 所示。

```
hive> from student
    > insert overwrite table student partition(stat_date='20140102')
    > select id,age,name where stat_date='20131229'
    > insert overwrite table student partition(stat_date='20140103')
    > select id,age,name where stat_date='20131229';
Total MapReduce jobs = 5
Launching Job 1 out of 5
Number of reduce tasks is set to 0 since there's no reduce operator
Starting Job = job_1388055845553_0015, Tracking URL = http://cloud001:8088/proxy/application_1388055845553_0015/
Kill Command = /root/app/hadoop-2.2.0/bin/hadoop job  -kill job_1388055845553_0015
Hadoop job information for Stage-2: number of mappers: 1; number of reducers: 0
2013-12-31 14:37:09,926 Stage-2 map = 0%,  reduce = 0%
2013-12-31 14:37:20,298 Stage-2 map = 100%,  reduce = 0%, Cumulative CPU 1.06 sec
2013-12-31 14:37:21,625 Stage-2 map = 100%,  reduce = 0%, Cumulative CPU 1.06 sec
2013-12-31 14:37:22,861 Stage-2 map = 100%,  reduce = 0%, Cumulative CPU 1.06 sec
2013-12-31 14:37:24,069 Stage-2 map = 100%,  reduce = 0%, Cumulative CPU 1.06 sec
MapReduce Total cumulative CPU time: 1 seconds 60 msec
Ended Job = job_1388055845553_0015
Stage-5 is selected by condition resolver.
Stage-4 is filtered out by condition resolver.
Stage-6 is filtered out by condition resolver.
Stage-11 is selected by condition resolver.
Stage-10 is filtered out by condition resolver.
Stage-12 is filtered out by condition resolver.
Moving data to: hdfs://192.168.11.191:9000/tmp/hive-root/hive_2013-12-31_14-36-51_533_7240310576151301540-1/-ext-10000
Moving data to: hdfs://192.168.11.191:9000/tmp/hive-root/hive_2013-12-31_14-36-51_533_7240310576151301540-1/-ext-10002
Loading data to table default.student partition (stat_date=20140102)
Partition default.student{stat_date=20140102} stats: [num_files: 1, num_rows: 0, total_size: 0, raw_data_size: 0]
Table default.student stats: [num_partitions: 6, num_files: 7, num_rows: 0, total_size: 452, raw_data_size: 0]
Loading data to table default.student partition (stat_date=20140103)
Partition default.student{stat_date=20140103} stats: [num_files: 1, num_rows: 0, total_size: 0, raw_data_size: 0]
Table default.student stats: [num_partitions: 7, num_files: 8, num_rows: 0, total_size: 452, raw_data_size: 0]
MapReduce Jobs Launched:
Job 0: Map: 1   Cumulative CPU: 1.06 sec   HDFS Read: 267 HDFS Write: 0 SUCCESS
Total MapReduce CPU Time Spent: 1 seconds 60 msec
OK
Time taken: 36.573 seconds
hive>
```

图 5-34　多模式插入操作

③ 自动分区模式插入,这里是将数据插入 student1 分区表中,代码如下。

```
insert overwrite table student1 pertition(stat_date)
select id,age,name,stat_date from student where stat_date='20140101';
```

过程和结果如图 5-35 所示。

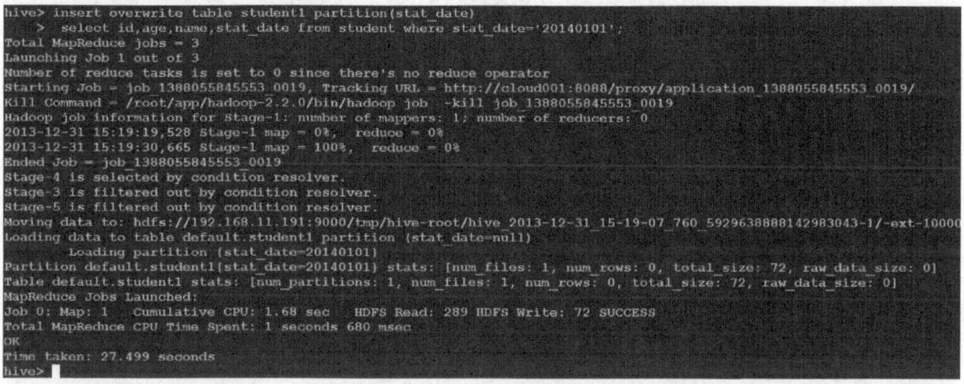

图 5-35　自动分区模式插入操作

(3) 导出表数据。

语法结构如下。

```
INSERT OVERWRITE [LOCAL] DIRECTORY directory1 SELECT ... FROM ...
multiple inserts:
FROM from_statement
INSERT OVERWRITE [LOCAL] DIRECTORY directory1 select_statement1
[INSERT OVERWRITE [LOCAL] DIRECTORY directory2 select_statement2] ...
```

导出数据表操作包括导入数据到本地、导出 HDFS 或者导出到远程服务器,这里只通过实例介绍导出数据到本地和 HDFS。

① 导出文件到本地,本例是将 student1 表格导入本地,代码如下。

```
insert overwrite local directory '/root/app/datafile
/student1'
select * from student;
```

过程和结果如图 5-36 所示。

② 导出数据到 HDFS 是将文件导出到 HDFS 下,本例是将 student1 导入 HDFS 下,代码如下。

```
insert overwrite directory 'hdfs://192.168.11.191:9000/user/hive
/warehouse/mystudent'
select * from student1;
```

```
hive> insert overwrite local directory '/root/app/datafile/student1'
    > select * from student1;
Total MapReduce jobs = 1
Launching Job 1 out of 1
Number of reduce tasks is set to 0 since there's no reduce operator
Starting Job = job_1388055845553_0020, Tracking URL = http://cloud001:8088/proxy/application_1388055845553_
Kill Command = /root/app/hadoop-2.2.0/bin/hadoop job  -kill job_1388055845553_0020
Hadoop job information for Stage-1: number of mappers: 1; number of reducers: 0
2013-12-31 15:29:48,667 Stage-1 map = 0%,  reduce = 0%
2013-12-31 15:29:59,168 Stage-1 map = 100%,  reduce = 0%, Cumulative CPU 1.04 sec
2013-12-31 15:30:00,463 Stage-1 map = 100%,  reduce = 0%, Cumulative CPU 1.04 sec
2013-12-31 15:30:01,817 Stage-1 map = 100%,  reduce = 0%, Cumulative CPU 1.04 sec
MapReduce Total cumulative CPU time: 1 seconds 40 msec
Ended Job = job_1388055845553_0020
Copying data to local directory /root/app/datafile/student1
Copying data to local directory /root/app/datafile/student1
MapReduce Jobs Launched:
Job 0: Map: 1   Cumulative CPU: 1.04 sec   HDFS Read: 309 HDFS Write: 135 SUCCESS
Total MapReduce CPU Time Spent: 1 seconds 40 msec
OK
Time taken: 30.017 seconds
hive>
```

图 5-36　导出文件到本地

过程和结果如图 5-37 所示。

```
hive> insert overwrite directory 'hdfs://192.168.11.191:9000/user/hive/warehouse/mystudent'
    > select * from student1;
Total MapReduce jobs = 3
Launching Job 1 out of 3
Number of reduce tasks is set to 0 since there's no reduce operator
Starting Job = job_1388055845553_0025, Tracking URL = http://cloud001:8088/proxy/application_1388055845553_0025/
Kill Command = /root/app/hadoop-2.2.0/bin/hadoop job  -kill job_1388055845553_0025
Hadoop job information for Stage-1: number of mappers: 1; number of reducers: 0
2013-12-31 15:51:09,328 Stage-1 map = 0%,  reduce = 0%
2013-12-31 15:51:18,386 Stage-1 map = 100%,  reduce = 0%, Cumulative CPU 1.89 sec
2013-12-31 15:51:19,552 Stage-1 map = 100%,  reduce = 0%, Cumulative CPU 1.89 sec
MapReduce Total cumulative CPU time: 1 seconds 890 msec
Ended Job = job_1388055845553_0025
Stage-3 is selected by condition resolver.
Stage-2 is filtered out by condition resolver.
Stage-4 is filtered out by condition resolver.
Moving data to: hdfs://192.168.11.191:9000/tmp/hive-root/hive_2013-12-31_15-50-54_794_7628882137640941193-1/-ext-10000
Moving data to: hdfs://192.168.11.191:9000/user/hive/warehouse/mystudent
MapReduce Jobs Launched:
Job 0: Map: 1   Cumulative CPU: 1.89 sec   HDFS Read: 309 HDFS Write: 135 SUCCESS
Total MapReduce CPU Time Spent: 1 seconds 890 msec
OK
Time taken: 25.066 seconds
hive> dfs -ls /user/hive/warehouse/mystudent;
Found 1 items
-rw-r--r--   2 root supergroup        135 2013-12-31 15:51 /user/hive/warehouse/mystudent/000000_0
hive>
```

图 5-37　导出数据到 HDFS

（4）Select(查询)。

语法结构如下。

```
SELECT [ALL | DISTINCT] select_expr, select_expr, ...
FROM table_reference
[WHERE where_condition]
[GROUP BY col_list [HAVING condition]]
[CLUSTER BY col_list
  | [DISTRIBUTE BY col_list] [SORT BY| ORDER BY col_list]
]
[LIMIT number]
```

关于 order by、sort by、distribute by 和 cluster by 的说明和注意事项如下。

① order by,会对输入进行全局排序,因此只有一个 reducer,导致当输入规模较大时,需要较长的计算时间。

② sort by,不是全局排序,其在数据进入 reducer 前完成排序。因此,如果用 sort by 进行排序,并且设置 mapred.reduce.tasks＞1,则 sort by 只保证每个 reducer 的输出有序,不保证全局有序。

③ distribute by(字段),根据指定的字段将数据分到不同的 reducer,且分发算法是 Hash 算法。

④ cluster by(字段),除了具有 distribute by 的功能外,还会对该字段进行排序。

因此,如果分桶和 sort 字段是同一个时,cluster by ＝ distribute by ＋ sort by。

分桶表的最大作用是提高 join 操作的效率。

5.4　Sqoop 的 ETL 实现

5.4.1　Sqoop 简介

Sqoop 是一款开源的工具,主要用于在 Hadoop(Hive)与传统的数据库间传递数据,可以将一个关系数据库(如 MySQL、Oracle、Postgres 等)中的数据导入 Hadoop 的 HDFS 中,也可以将 HDFS 的数据导入关系数据库中。

Sqoop 项目开始于 2009 年,最早是作为 Hadoop 的一个第三方模块存在,后来为了让用户能够快速部署,也为了让开发人员能够更快速地迭代开发,Sqoop 独立成为了一个 Apache 项目。

使用 Hadoop 来分析和处理数据需要将数据加载到集群中,并且将它和企业生产数据库中的其他数据进行结合处理。从生产系统加载大块数据到 Hadoop 中,或者从大型集群的 MapReduce 应用中获得数据是个挑战。用户必须意识到确保数据一致性、消耗生产系统资源、供应下游管道的数据预处理这些细节。用脚本来转化数据是低效和耗时的方式。使用 MapReduce 应用直接获取外部系统的数据,不仅使得应用变得复杂,也增加了生产系统来自集群节点过度负载的风险。

Sqoop 可以简单地从结构化数据仓库中导入导出数据,和关系数据库、企业数据仓库和 NoSQL 系统一样。可以使用 Sqoop 将数据从外部系统加载到 HDFS,存储在 Hive 和 HBase 表格中。Sqoop 配合 Ozie 能够帮助用户调度和自动运行导入导出任务。Sqoop 使用基于支持插件来提供新的外部链接的连接器。

运行 Sqoop 看起来是非常简单的,但是表象底层下面发生了什么呢? 数据集将被切片分到不同的 partitions 和运行一个只有 map 的作业来负责数据集的某个切片。因为 Sqoop 使用数据库的元数据来推断数据类型,所以每条数据都以一种类型安全的方式来处理。

5.4.2　Sqoop 的安装部署

安装 Sqoop 的前提是已经具备 JDK 和 Hadoop 的环境。

(1)下载并解压。

从官网下载 Sqoop,然后将 Sqoop 安装包上传到 Linux 服务器下的 app 目录下,最后进行解压安装。

（2）修改配置文件。

```
[hadoop@weekend01 ~]$ cd app/sqoop-1.4.6/conf/
[hadoop@weekend01 conf]$ mv sqoop-env-template.sh sqoop-env.sh
```

打开 sqoop-env.sh 并编辑，具体修改如图 5-38 所示。

```
#Set path to where bin/hadoop is available
export HADOOP_COMMON_HOME=/home/hadoop/app/hadoop-2.4.1

#Set path to where hadoop-*-core.jar is available
export HADOOP_MAPRED_HOME=/home/hadoop/app/hadoop-2.4.1

#set the path to where bin/hbase is available
#export HBASE_HOME=

#Set the path to where bin/hive is available
export HIVE_HOME=/home/hadoop/app/hive

#Set the path for where zookeper config dir is
#export ZOOCFGDIR=
```

图 5-38　修改配置文件

（3）加入 MySQL 的 jdbc 驱动包到 Sqoop 的 lib 目录下。

```
[hadoop@weekend01 lib]$ cd /home/hadoop/app/sqoop-1.4.6/lib
[hadoop@weekend01 lib]$ cp /home/hadoop/app/hive/lib/mysql-connector-java-5.1.28.jar
```

（4）验证启动。

```
[hadoop@weekend01 lib]$ cd ../bin
[hadoop@weekend01 bin]$ ./sqoop
```

（5）验证 Sqoop 是否安装成功，出现如图 5-39 所示的界面，就说明 Sqoop 安装成功。

```
[hadoop@weekend01 bin]$ ./sqoop
Warning: /home/hadoop/app/sqoop-1.4.6/bin/../../hbase does not exist! HBase imports will fail.
Please set $HBASE_HOME to the root of your HBase installation.
Warning: /home/hadoop/app/sqoop-1.4.6/bin/../../hcatalog does not exist! HCatalog jobs will fail.
Please set $HCAT_HOME to the root of your HCatalog installation.
Warning: /home/hadoop/app/sqoop-1.4.6/bin/../../accumulo does not exist! Accumulo imports will fail.
Please set $ACCUMULO_HOME to the root of your Accumulo installation.
Warning: /home/hadoop/app/sqoop-1.4.6/bin/../../zookeeper does not exist! Accumulo imports will fail.
Please set $ZOOKEEPER_HOME to the root of your Zookeeper installation.
Try 'sqoop help' for usage.
```

图 5-39　验证 Sqoop 是否安装成功

5.4.3　Sqoop 的常用命令

这里使用的是 MySQL 数据库，所以要提前安装好 MySQL 数据库。

（1）使用 Sqoop 导入数据，代码如下。

```
sqoop import -- connect jdbc:mysql://weekend110:3306/sqoopdb -- username foo
-- table TEST
```

（2）设置账号、密码，代码如下。

```
sqoop import - - connect jdbc: mysql://database. example. com/employees - -
username root --password aaaa
```

（3）驱动 MySQL 数据库，代码如下。

```
sqoop import --driver com.mysql.jdbc.Driver  --connect
```

（4）写 SQL 语句导入的方式，代码如下。

```
sqoop import --query 'SELECT a. *, b. * FROM a JOIN b on (a.id == b.id) WHERE
$CONDITIONS' --split-by a.id --target-dir /user/foo/joinresul
```

（5）导入数据到 hdfs 目录，这个命令会把数据写到/shared/foo/目录下。

```
sqoop import - - connnect jdbc:mysql://weekend110:3306/sqoopdb - - table
  foo  --warehouse-dir shared
```

（6）传递参数给快速导入的工具，使用--开头，下面这条命令传递给 MySQL 默认的字符集是 latin1，代码如下。

```
sqoop import - - connect jdbc:mysql://weekend110:3306/sqoopdb - - table bar - -
direct --default-character-set=latin1
```

（7）转换为对象，代码如下。

```
--map-column-java <mapping>    转换为 java 数据类型
--map-column-hive <mapping>    转转为 hive 数据类型
```

（8）Hive 导入参数。

```
--hive-home <dir>              //重写 $HIVE_HOME
--hive-import                  //插入数据到 Hive 当中,使用 Hive 的默认分隔符
--hive-overwrite               //重写插入
--create-hive-table            //建表,如果表已经存在,则该操作会报错!
--hive-table <table-name>      //设置到 Hive 当中的表名
--hive-drop-import-delims      //导入 Hive 时删除 \n、\r 和 \01
--hive-delims-replacement      //导入 Hive 时用自定义的字符替换掉 \n, \r
--hive-partition-key           //Hive 分区的 key
--hive-partition-value <v>     //Hive 分区的值
--map-column-hive <map>        //类型匹配,SQL 类型对应到 Hive 类型
```

（9）Hive 空值处理。Sqoop 会自动把 NULL 转换为 null 处理，但是 Hive 中默认是用\N 来表示 null，因为预先处理是不会生效的。需要使用"--null-string"和"--null-non-string"来处理空值，把\N 转为\\N，代码如下。

```
sqoop import  ... --null-string '\\N' --null-non-string '\\N'
```

（10）通过配置文件 conf/sqoop-site.xml 来配置常用参数，代码如下。

```
<property>
    <name>property.name</name>
    <value>property.value</value>
</property>
```

如果不在这里面配置，就需要将命令写为如下形式。

```
sqoop import -D property.name=property.value ...
```

（11）导入所有的表 sqoop-import-all-tables。因为是批量导入到 HDFS 中，所以每个表都要有主键，而且不能使用 where 条件过滤，代码如下。

```
sqoop import-all-tables --connect jdbc:mysql://weekend110:3306/corp
```

（12）Export。采用"sqoop-export"插入数据时，如果数据已经存在了，插入会失败。如果使用--update-key，则会认为每个数据都更新，比如使用下面这条语句。

```
sqoop-export --table foo --update-key id --export-dir /path/to/data --connect …
UPDATE foo SET msg='this is a test', bar=42 WHERE id=0;
UPDATE foo SET msg='some more data', bar=100 WHERE id=1;
```

（13）Sqoop Job 保存常用的作业，以便下次快速调用。

```
--create <job-id>              //创建一个新的 job
--delete <job-id>              //删除 job
--exec <job-id>                //执行 job
--show <job-id>                //显示 job 的参数
--list                         //列出所有的 job
```

（14）举例说明。
① 指定列，代码如下。

```
sqoop import --connect jdbc:mysql://weekend110:3306/corp --table EMPLOYEES
--columns "employee_id,first_name, last_name,job_title"
```

② 使用 8 个线程（map），代码如下。

```
sqoop import --connect jdbc:mysql://weekend110:3306/corp --table EMPLOYEES
-m 8
```

③ 快速模式,代码如下。

```
sqoop import --connect jdbc:mysql://weekend110:3306/corp --table EMPLOYEES
--direct
```

④ 使用 sequencefile 作为存储方式,代码如下。

```
sqoop import --connect jdbc:mysql://weekend110:3306/corp --table EMPLOYEES
--class-name com.foocorp.Employee --as-sequencefile
```

⑤ 分隔符,代码如下。

```
sqoop import --connect jdbc:mysql://weekend110:3306/corp --table EMPLOYEES
--fields-terminated-by '\t' --lines-terminated-by '\n' --optionally-
enclosed-by '\"'
```

⑥ 导入 Hive,代码如下。

```
sqoop import --connect jdbc:mysql://weekend110:3306/corp --table EMPLOYEES
--hive-import
```

⑦ 条件过滤,代码如下。

```
sqoop import --connect jdbc:mysql://weekend110:3306/corp --table EMPLOYEES
--where "start_date > '2017-10-01'"
```

⑧ 用 dept_id 作为分隔字段,代码如下。

```
sqoop import --connect jdbc:mysql://weekend110:3306/corp --table EMPLOYEES
--split-by dept_id
```

⑨ 追加导入,代码如下。

```
sqoop import --connect jdbc:mysql://weekend110:3306/somedb --table
sometable --where "id > 100000" --target-dir /incremental_dataset --append
```

5.4.4 案例分析——利用 Sqoop 进行 ETL 操作

本案例是纯 demo 级别,供练习使用。

在 MySQL 数据库中创建 3 个表 emp、emp_add 和 emp_conn,分别如表 5-2~表 5-4 所示。

表 5-2　emp 表

id	name	deg	salary	dept
1201	gopal	manager	50000	TP
1202	manish	php dev	30000	AC

表 5-3　emp_add 表

id	hno	street	city
1201	288A	vgiri	jublee
1202	108I	aoc	sec-bad

表 5-4　emp_conn 表

id	phno	email
1201	2356745	gopal@tp
1202	1666166	manisha@

以下是 Sqoop 的 3 种导入操作。

1. 导入表数据到 HDFS

（1）下面的命令用于将 MySQL 数据库服务器中的 emp 表导入 HDFS 中。

```
[hadoop@weekend01 bin]$ ./sqoop import --connect jdbc:mysql://weekend01:3306/userdb --username
root --password aaaa --table emp --m 1
```

（2）如果成功执行，那么会得到图 5-40 所示的输出结果。

```
18/06/20 17:38:03 INFO mapreduce.Job:  map 0% reduce 0%
18/06/20 17:38:10 INFO mapreduce.Job:  map 100% reduce 0%
18/06/20 17:38:11 INFO mapreduce.Job: Job job_1529506314624_0001 completed successfully
18/06/20 17:38:11 INFO mapreduce.Job: Counters: 30
        File System Counters
                FILE: Number of bytes read=0
                FILE: Number of bytes written=113612
                FILE: Number of read operations=0
                FILE: Number of large read operations=0
                FILE: Number of write operations=0
                HDFS: Number of bytes read=87
                HDFS: Number of bytes written=57
                HDFS: Number of read operations=4
                HDFS: Number of large read operations=0
                HDFS: Number of write operations=2
        Job Counters
                Launched map tasks=1
                Other local map tasks=1
                Total time spent by all maps in occupied slots (ms)=4888
                Total time spent by all reduces in occupied slots (ms)=0
                Total time spent by all map tasks (ms)=4888
                Total vcore-seconds taken by all map tasks=4888
```

图 5-40　emp 表导入 HDFS

（3）为了验证在 HDFS 导入的数据，使用以下命令查看导入的数据。

```
hadoop fs -cat /usr/hadoop/emp/part-m-00000
```

（4）emp 表的数据和字段之间用逗号（,）分隔。

```
1201,gopal,manager,50000,TP
1202,manish,php dev,30000,AC
```

2. 导入关系表到 Hive

（1）下面的命令用于将 MySQL 数据库服务器中的 emp_add 表导入 Hive 中。

```
./sqoop import --connect jdbc:mysql://weekend01:3306/userdb --username root
--password aaaa --table emp_add --hive-import --m 1
```

（2）如果成功执行，则会得到图 5-41 所示的输出结果。

（3）为了验证在 Hive 导入的数据，使用以下命令查看导入的数据。

```
hadoop fs -cat /usr/hive/warehouse/emp_add/part-m-00000
```

（4）emp_add 表的数据和字段之间没有分隔符。

```
1201288Avgirijublee
1202108Iaocsec-bad
```

```
18/06/20 17:56:13 INFO mapreduce.Job:  map 0% reduce 0%
18/06/20 17:56:20 INFO mapreduce.Job:  map 100% reduce 0%
18/06/20 17:56:21 INFO mapreduce.Job: Job job_1529506314624_0002 completed successfully
18/06/20 17:56:22 INFO mapreduce.Job: Counters: 30
        File System Counters
                FILE: Number of bytes read=0
                FILE: Number of bytes written=113621
                FILE: Number of read operations=0
                FILE: Number of large read operations=0
                FILE: Number of write operations=0
                HDFS: Number of bytes read=87
                HDFS: Number of bytes written=45
                HDFS: Number of read operations=4
                HDFS: Number of large read operations=0
                HDFS: Number of write operations=2
        Job Counters
                Launched map tasks=1
                Other local map tasks=1
                Total time spent by all maps in occupied slots (ms)=4638
                Total time spent by all reduces in occupied slots (ms)=0
                Total time spent by all map tasks (ms)=4638
                Total vcore-seconds taken by all map tasks=4638
                Total megabyte-seconds taken by all map tasks=4749312
        Map-Reduce Framework
                Map input records=2
```

图 5-41　emp_add 表导入 Hive

3. 导入 HDFS 指定目录

在导入表数据到 HDFS 使用 Sqoop 导入工具，可以指定目标目录。以下是指定目标目录选项的 Sqoop 导入命令的语法。

```
--target-dir <new or exist directory in HDFS>
```

（1）下面的命令用来将 emp_add 表数据导入"/queryresult"目录。

```
./sqoop import --connect jdbc:mysql://weekend01:3306/userdb --username root
--password aaaa --table emp_add -target-dir /queryresult --m 1
```

（2）如果成功执行，则会得到如图 5-42 所示的输出结果。

```
18/06/20 18:10:34 INFO mapreduce.Job:  map 0% reduce 0%
18/06/20 18:10:42 INFO mapreduce.Job:  map 100% reduce 0%
18/06/20 18:10:42 INFO mapreduce.Job: Job job_1529506314624_0003 completed successfully
18/06/20 18:10:42 INFO mapreduce.Job: Counters: 30
        File System Counters
                FILE: Number of bytes read=0
                FILE: Number of bytes written=113613
                FILE: Number of read operations=0
                FILE: Number of large read operations=0
                FILE: Number of write operations=0
                HDFS: Number of bytes read=87
                HDFS: Number of bytes written=45
                HDFS: Number of read operations=4
                HDFS: Number of large read operations=0
                HDFS: Number of write operations=2
        Job Counters
                Launched map tasks=1
                Other local map tasks=1
                Total time spent by all maps in occupied slots (ms)=5055
                Total time spent by all reduces in occupied slots (ms)=0
                Total time spent by all map tasks (ms)=5055
                Total vcore-seconds taken by all map tasks=5055
                Total megabyte-seconds taken by all map tasks=5176320
        Map-Reduce Framework
                Map input records=2
                Map output records=2
```

图 5-42　导入 emp_add 表数据到"/queryresult"目录

（3）为了验证在 Hive 导入的数据，使用以下命令查看导入的数据。

```
hadoop fs -cat /queryresult/part-m-00000
```

（4）emp_add 表的数据和字段之间用逗号（,）分隔。

```
1201,288A,vgiri,jublee
1202,108I,aoc,sec-bad
```

5.5 小 结

Sqoop 是一个用来将 Hadoop 和关系数据库中的数据相互转移的开源工具，可以将一个关系数据库（如 MySQL、Oracle 等）中的数据导入 Hadoop 的 HDFS 中，也可以将 HDFS 的数据导入关系数据库中。Sqoop 工具属于 Hadoop 体系中的一个子项目，整合了 Hadoop 的 Hive 和 HBase 等，抽取的数据可以直接传输至 Hive 中，且无须做复杂的开发编程等工作。数据抽取容错性高，对于抽取过程中产生的错误或者数据遗漏，可以通过捕获错误日志来收集分析错误，但人机操作界面没有 ETL 工具的可操作性和可视性高，需要技术人员编程来实现日志分析。

5.6 习 题

思考题：

1. Spark 中的 RDD 是什么？有哪些特性？
2. 简述 Spark 中常用算子（map、mapPartitions、foreach、foreachPartition）的区别。
3. 使用 Spark-submit 时如何引入外部 jar 包？
4. 简述使用 Hive 的常见问题。
5. 完成 Hadoop 单节点的搭建。
6. 简述 Spark 分布式集群搭建的步骤。
7. 通过 Sqoop 实现 ETL 与传统的 ETL 有什么区别？
8. 如何利用 Spark 针对 ETL 场景配置优化？
9. 如何利用 Hadoop 应对未来 ETL 场景？
10. 有 Java 基础的读者可以尝试用 MapReduce 进行一些数据清洗的转换，会发现 Hive 的底层是用一系列的 MapReduce 来实现的。
11. 有兴趣的读者可以自行尝试用 HBase 代替 Hive 进行 ETL 的过程。

案例分析

学习计划：

- 了解校园大数据建设的过程
- 掌握校园大数据建设的 ETL 流程
- 了解电信业如何运用 ETL
- 了解 BI 中 ETL 的运用
- 了解在反洗钱系统下，ETL 如何发挥作用

前面章节介绍了 ETL 的过程，本节主要结合案例分析，让读者深刻认识 ETL 过程在校园大数据、反洗钱系统、电信行业、云计算和 BI 项目中的应用，保证最终装载到数据集市的数据的高效性和准确性，从而为最终相关的分析技术提供有利的支撑。

6.1 校园大数据建设

6.1.1 校园大数据建设背景

随着我国教育事业的蓬勃发展，各高校都在进行信息化改革，以便提高学校教学质量、资源管理、教学管理等。而今，大数据时代已经来临，通过校园网络平台和智能终端，收集大量的数据，再运用大数据平台对其进行统计处理，为学校教学、校园生活、资源管理等提供参考和帮助；将大数据技术应用在校园信息化建设已成为一种必然的趋势。由于大数据技术逐渐成熟，很多高校已经开始接受并建设了大数据模型。除此之外，有些高校还开设了大数据相关的专业课程，也意识到了数据对于学校信息化建设的重要性，并建立了自己的大数据开发团队，对本校数据进行大数据分析及相关研发。

在技术上，大数据技术是新一代的技术和构架，它以较低成本，以及快速的采集、处理和分析技术，从各种超大规模的数据中提取价值。大数据技术的不断涌现和发展，让我们处理海量数据更加容易、便宜和迅速，成为利用数据的好助手，甚至可以改变传统的教育模式。

中国教育行业经过几年的信息化建设，首先，信息技术已经改变传统的教育模式，使传统教育更加现代化成为一种发展趋势；其次，信息化校园的建设积累了丰富的业务数据源，主要包括以下方面。

- 统一数据交换平台。数字化校园三大平台主要包括统一的门户、统一的认证、统一的数据交换平台 3 个部分。利用统一数据交换平台,对学校的数据进行整理,将学生、教师相关的数据(如教务数据、人事数据、学工数据、研究生数据等),进行统一数据交换,为大数据提供相关数据源。

- 一卡通数据。一卡通中心存有大量的学生消费数据,如消费流水、消费地点、消费金额、消费频次、消费总额等。
- 网络数据。从高校的有线、无线网络,统一上网认证,上网行为等建设可以得到学生的上网账号信息、上网时长、上网流量、上网行为、行为轨迹等。
- 监控视频数据。针对学生及学校的安全管理,在校园进行平安校园建设,摄像的记录数据也可以提供给大数据平台进行整体分析。

综上所述,已有的校园信息化建设,存在大量可用的数据源,可以利用学校各个业务平台产生的丰富数据源为校园大数据技术应用提供支撑。

6.1.2 校园大数据检索需求

目前,很多高校各部门对信息化的应用存在一些不可忽视的问题,即尽管学校大部分业务系统已经建设多年并产生了丰富数据源,如一卡通系统、教务系统、办公自动化系统、学工系统、成人教育系统、网络教学平台、图书馆管理系统、人事系统、上网认证系统、资产管理系统、校园有线网、校园 WiFi、数据交换平台、财务系统等,然而这些丰富的数据源没有进行相关的整理及标准化建设,在学校的相关工作决策方面未能提供全方位的有帮助的信息。因此,建设大数据平台和全量及增量原始大数据仓库,并针对数据源进行标准化和建模清洗构建服务于学生、教师的业务辅助大数据模块是亟待解决的问题。

6.1.3 总体目标

1. 推进智慧校园建设

建设智慧校园,就是将学校的信息中心与各行政部门的数据打通,建设以服务学生、教师、管理工作者等为导向的智慧校园。大数据建设是智慧校园建设的关键一步。

大数据建设的第一步就是对现有的数据源进行采集及治理,整合学校各业务数据,对学校的数据情况进行汇总并梳理;然后根据相关需求进行业务分析,针对学校的数据情况开发业务模块,提升学校的管理效率,为相关领导提供决策支持,从而实现智慧校园。

2. 实现从数据管理到数据服务的模式转变

在传统模式下,虽然学校信息化建设积累的大量数据存放在相关的业务部门中,而且主要是对数据进行存档、保存。但是,还需要通过技术手段,有效利用数据的价值,实现从数据管理到数据服务的模式转变,要"为我所用",利用数据服务全校。发掘数据价值,从而提高在学生服务、学生管理、学校管理上的效率。大数据的建设可以实现这一目的。

3. 利用大数据支持教育宏观决策

教育改革发展涉及面广、难度大,越来越需要准确、全面的数据分析和服务作为教育科学决策的支撑。建立涵盖学生、教师、学校管理、学生服务的大数据应用及服务平台,将学校数据归纳、收集统一,并以此为基础进行数据分析与科学预测,已成为支持教育改革与宏观决策的现实需求。国家重点建设的高校和高水平大学建设的单位,对于未来学校将如何发展,怎样提高学校的学科建设水平都需要大数据作为依据,为学校提供决策支持。目前全国部分学校的信息部门也在由基础支撑部门向服务职能部门过渡,大数据平台的建设,能实现利用大数据支持学校的教育宏观决策。

6.1.4　建设内容

校园大数据建设刻不容缓,且意义深远,具体建设内容包括：数据标准化建设、数据平台建设、学生大数据业务模块建设等。

1. 数据标准化建设

校园大数据规模体系的规范性主要从三个维度来约束：基础数据规范、业务数据规范和架构及实施规范,如图 6-1 所示。

(1) 基础数据规范。

① 基础数据标准规范。包括大数据术语、大数据参考架构、大数据平台架构标准。其中大数据平台架构标准包括整体架构、架构内各个层面(或各个组件)之间的接口标准以及查询、分析和可视研究与开发等应用请求与数据存储语言的标准化转换接口的标准化。

② 基础数据维护规范。包括数据质量评价标准、数据采集标准、数据组织标准等大数据处理阶段相关的标准规范。

(2) 业务数据规范。

① 业务数据维护标准。包括非关系数据库规范、非结构数据管理系统规范等大数据背景下的数据维护的相关规范。

② 大数据平台数据字典。包括数据编码规范、元数据规范、非结构化数据统一描述规范等。

(3) 架构及实施规范。

如图 6-1 所示大数据系统框架,包括基础数据规范、业务数据规范和架构及实施规范三部分组成。

大数据服务标准。包括大数据提供服务、大数据实时分析服务、可视化服务等一系列大数据服务的标准化描述和接入。

平台架构设计规范。建立针对教育行业大数据领域的大数据应用、大数据的分类和编码等方面的标准;通过引入大数据标准规范,将大数据安全和隐私标准规范化,包括对外提供大数据服务时,对数据存储安全、数据传输安全、数据分析挖掘安全等方面的标准化。

2. 数据平台建设

首先需要搭建一套完善的基础平台,涉及学校不同业务系统数据源的收集,针对DB、FTP、WebService 等接口对数据进行采集,数据建模,对数据质量的管理进行数据清洗,为不同数据源建立统一的数据接口,构建数据仓库等所有的过程。

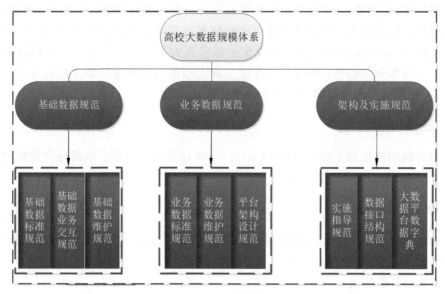

图 6-1　大数据系统架构

3. 学生大数据业务模块建设

为了更好地为学生提供校园服务,学生服务大数据从不同维度收集学生在学校的行为,如基础信息、教务信息、考试信息、图书信息、上网信息、一卡通消费信息等,利用关联分析得出一个全面的学生大数据模型,从而更好地为学生提供服务。

6.1.5　数据抽取

数据抽取的主要功能为通过采集业务系统数据、硬件设备数据等方式获得各种类型的结构化、半结构化及非结构化的海量数据,这些数据是大数据知识服务模型的根本。大数据平台主要采用分布式高速高可靠数据采集、高速数据全映像等大数据收集技术,具体如图 6-2 所示。

为了方便日后对数据的运维管理,需要各个系统数据的采集日志。采集日志功能非常重要,记录各个系统采集的起始时间、历史数据的采集记录、更新数据量大小、数据采集行数和采集出错等信息,帮助系统运维人员进行监控,有利于系统管理人员及时处理错误,如图 6-3 所示。

6.1.6　数据转换

数据转换的目的是将抽取到的数据按照统一的格式存储,以保证最终的数据质量。但由于学校数据源系统太多,因此采集到的数据会出现如图 6-4 所示的问题。因为这些业务系统往往来自多个品牌,所以导致数据存在多种格式,标准不一,从而给校园业务建设造成信息不同步的问题,并且会造成信息孤岛。另外学校的原数据类型多样,缺乏统一

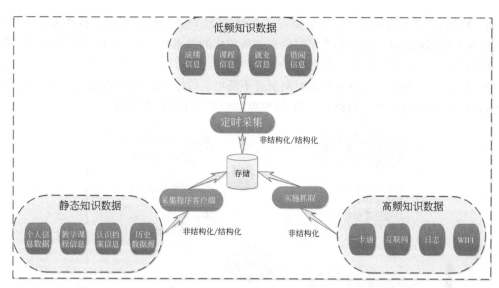

图 6-2　数据源抽取

对象类型	对象名称	类型	状态	采集开始时间	采集结束时间	执行时间	总量	新增	更新
微博	微博数据抓取	周期采集	已采集	2016-08-13 01:55:13	2016-08-13 01:55:40	27	20	18	0
百度贴吧	百度贴吧数据抓取	周期采集	已采集	2016-08-13 01:55:13	2016-08-13 01:59:33	260	100	1	99
百度贴吧	百度贴吧数据抓取	周期采集	已采集	2016-08-13 03:55:13	2016-08-13 03:55:25	12	100	1	4
微博	微博数据抓取	周期采集	已采集	2016-08-13 03:55:13	2016-08-13 03:55:45	32	20	18	0
百度贴吧	百度贴吧数据抓取	周期采集	已采集	2016-08-13 05:55:13	2016-08-13 05:55:20	7	100	0	1
微博	微博数据抓取	周期采集	已采集	2016-08-13 05:55:13	2016-08-13 05:55:41	28	20	18	0
微博	微博数据抓取	周期采集	已采集	2016-08-13 07:55:13	2016-08-13 07:55:45	32	20	18	0
百度贴吧	百度贴吧数据抓取	周期采集	已采集	2016-08-13 07:55:13	2016-08-13 07:55:53	40	100	3	15
新浪新闻	新浪新闻数据抓取	周期采集	已采集	2016-08-13 09:55:13	2016-08-13 09:55:31	18	176	1	0
微博	微博数据抓取	周期采集	已采集	2016-08-13 09:55:13	2016-08-13 09:55:42	29	20	18	0

图 6-3　数据采集日志示意图

的原数据存储方式，同时各业务系统之间的数据变更后，原数据无法快速统一，再者，校园业务系统之间的业务词汇描述无统一标准，导致了各业务系统之间的描述不一，以及在填写和录入时缺乏严格的数据质量检查，导致数据不一致。

图 6-4　常见数据问题

以上问题需要进行相应的处理，从而保证最终提取出来的数据质量。目前数据处理的常见方式如图 6-5 所示。

数据清洗将"脏"数据"洗掉"，其实就是发现并纠正数据文件中可识别的错误，包括检查数据一致性、处理无效数据和缺失数据等。不过,清洗对象最终要根据学校业务系统的分析,因为大数据系统抽取的数据类型可能会包括传统的关系数据库 XML 等半结构化数据,以及以视频、音频、文本和其他形式存在的非结构化数据,所以要制定对应的 ETL 数据清洗策略以保证数据质量,同时保障根据时间演进不断更新数据模式,确定数据实体及其之间的关系,最终将数据按照统一的格式存储,以便提供给上层用于数据分析。

图 6-5　常见问题解决方案

数据清洗的具体流程可以概括如下。

(1) 分析数据源的数据是否满足业务规则和定义,是否存在非正常的数据结构。

(2) 读取采集后的结果集,进行数据属性适配。

(3) 获取数据清洗规则。

(4) 进行数据匹配。

(5) 将正常数据放入清洗结果集,异常数据放入异常结果集。

(6) 把结果集入库,并记录清洗结果。

将现有校平台数据进行清洗与治理,并进行标准化处理后,最终按照预先定义好的数据仓库模型,将数据加载到数据仓库中。

6.1.7　数据仓库的建设

本次大数据仓库建设以 Hadoop 数据仓库为存储工具构建海量可扩展的存储仓库为存储介质,提供分布式、高并发性的海量存储数据存储及访问,主要分为两个层次。

(1) 原始全量数据库,通过采集工具抽取业务系统全部存量数据,建立原始数据仓库。

(2) 数据清洗标准化,对全量数据库进行清洗及标准化,建立标准化数据仓库。

首先从现有的业务系统中,抽取全量数据及持续的增量数据,通过 Hadoop 大数据仓库存储,建立全量原始数据仓库,通过对原始数据标准化,存入标准化数据库,如图 6-6 所示。

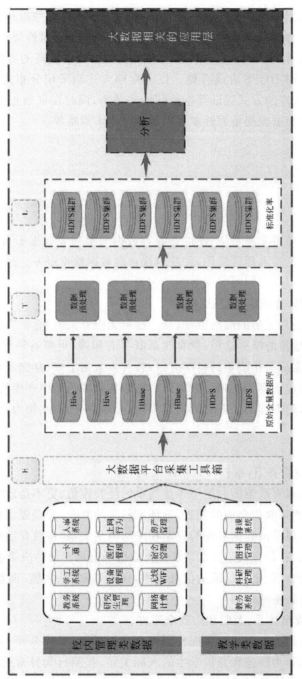

图 6-6 数据仓库逻辑架构

在大数据仓库建设中,主要采用 Hive、HBase、HDFS 3 种分布式存储技术分类存储大数据仓库平台中的数据,以保证平台的性能和需求。在采集数据时,根据数据的类型和实时性能的要求对数据进行分类存储。例如,对静态知识数据,即对计算实时性要求不高,主要用于计算数据的趋势和预测的数据,一般针对校内基础数据和历史数据进行存储和分析时采用 Hive 存储,同时支持标准的 SQL 查询。对于实时性要求较高的数据分析,如一卡通、网络数据等,采用 HBase 存储,可应对实时性要求较高的数据计算。对于文本或表格等数据,将采用 HDFS 方式存储。以上存储方式均采用分布式存储模式,采用数据分片技术及并行入库的方式保证数据访问的高效率,同时保证数据仓库无缝扩展及数据的可靠性,另外可根据数据重要性要求定制存储副本策略等。

6.1.8　项目效益

1. 经济效益

(1) 数据整合。

本项目完成后,可将业务系统、硬件资源等数据采集到大数据平台上,用户只要根据应用需求,通过互联网接入即可使用,并获得快速的数据检索服务。另外,通过数据仓库,保存存量数据和增量数据,同时实现数据的积累和备份。

(2) 决策有依据,管理成本更低。

教育大数据是一种无形的战略资产,是一座可无限开采的"金矿",充分的挖掘与应用是实现数据"资产"增值的唯一途径;教育改革既要有胆魄,更要有科学的依据,教育大数据是推动教育领域全面深化改革的科学力量;教育大数据汇聚、存储了教育领域的信息资产,是发展智慧教育最重要的基础。教育大数据采集教育活动中产生的教育数据,依据大数据分析出的结果,给管理部门客观的决策依据,合理减少人力、物力投入。

2. 社会效益

(1) 宏观微观双管齐下,推进教育精准决策。

在大数据时代,教育政策的制定不再是简单的经验模仿,更不是政策制定者以自己有限的理解、假想、推测来取代全面的调查、论证和科学的判断,而是强调更精细化地捕捉各个层面的变化数据,以及由数据展现的复杂相关与因果关系,将教育治理与政策决策带来的危机转化为机遇。在教育决策方面,教育大数据不论是在帮助决策者更为清晰地了解现状,及时掌握更为全面、更有价值的信息方面,还是在制定、实施、调整具体的教育政策过程中,都具有举足轻重的作用。

(2) 完善校园安全体系,及时预防安全事件。

在大数据时代,用大数据可以实现校园安全全面预测,形成全面、动态的学生行为监控体系,勾勒学生的行为轨迹和分析学生的人际关系,预测行为异常的学生,及时通知相关人员,提前规避意外事故,维护学校形象。

(3) 提供大数据智慧服务,助力校园"智慧教育"。

大数据技术能够提高教育管理、决策的智慧性。智慧教育涵盖了智慧教学、智慧管理、智慧培训、智慧推荐、智慧环境（校园）等要素。在大数据时代，大数据思维、技术将成为推动智慧教育发展的重要力量。

6.2 反洗钱系统中的 ETL 应用

6.2.1 反洗钱简介

洗钱犯罪自 20 世纪 60 年代出现以来，日益成为国际有组织犯罪的伴生物，世界各地的毒品和武器走私犯、跨国犯罪集团和恐怖主义分子都想方设法地通过"洗钱"来隐瞒其不法钱财的来源，避免在使用过程中露出马脚，落入法网，不仅洗钱的手段和方法越来越多，其危害也越来越大。在一些国家，这些非法所得有可能超过政府预算，从而导致政府经济失控，对国家的政治和经济安全构成很大威胁。因此，反洗钱（Anti-Money Laundering，AML）是目前国际社会普遍关注的焦点和热点问题，一些国家相继通过制定反洗钱法律制度、建立相应的组织机构和反洗钱工作机制打击洗钱活动。

反洗钱是指为了预防通过各种方式掩饰、隐瞒毒品犯罪、黑社会性质的组织犯罪、恐怖活动犯罪、走私犯罪、贪污贿赂犯罪、破坏金融管理秩序犯罪、金融诈骗犯罪等犯罪所得及其收益的来源和性质的洗钱活动，依照本法规定采取相关措施的行为。

反洗钱对维护金融体系稳健运行，维护社会公正和市场竞争，打击腐败等经济犯罪具有十分重要的意义。洗钱是严重的经济犯罪行为，不仅破坏经济活动的公平公正原则，破坏市场经济有序竞争，损害金融机构的声誉和正常运行，威胁金融体系的安全稳定，而且贩毒、走私、恐怖活动、贪污腐败和偷税漏税等严重刑事犯罪相联系，已对一些国家的政治稳定、社会安定、经济安全以及国际政治经济体系的安全构成严重威胁。"9·11"事件之后，国际社会更是加深了对洗钱犯罪危害的认识，并把打击资助恐怖主义活动也纳入打击洗钱犯罪的总体框架之中。针对目前国内、国际反洗钱和打击恐怖主义活动所面临的形势，中国政府也加大了反洗钱的工作力度。中国人民银行也从组织和制度建设以及加强监管方面加强反洗钱工作。2007 年 2 月，中国人民银行反洗钱监测分析中心下发了大额和可疑报告要素，以及报告的数据规范的相关文件。

6.2.2 反洗钱系统中 ETL 的重要性

虽然反洗钱引起了国际、国内的重视，制定了相关的反洗钱法，但是对于金融机构来说，反洗钱工作的开展和执行还是有非常大的困难，主要体现在以下几个方面。

1. 海量数据

金融机构每日的交易量是非常大的。例如，我国中型的全国股份制商业银行每日的交易量大约是 180 万笔。对于这 180 万笔交易相关的数据，通过人工筛选来发现洗钱行为，几乎是不可能的。

2. 业务数据的多平台

业务处于不同平台、不同的数据源的不同关系数据库中，发现洗钱行为常是对客户、账户、柜员等的发现和考察,要从不同系统中,分析某个客户、账户、柜员的交易来发现洗钱行为,难度很大。

3. 处理效率

只对每日如此巨大的交易量进行分析,还不能满足找出洗钱行为的要求。更多的洗钱行为还需要对多日,甚至是半年的数据进行分析,才能找出。这样的需求,给反洗钱系统的设计带来巨大的挑战。

4. 系统集成和历史数据

造成的原因主要包括,业务系统不同时期系统之间的数据模型不一致;业务系统不同时期业务过程有变化;旧系统模块在各业务系统之间相关信息不一致;遗留系统和新业务、管理系统数据集成不完备带来的不一致,这一系列的因素对反洗钱系统的实现都是巨大的挑战。

从存在的问题中,可以知道,如此异构、复杂、海量的数据是反洗钱系统设计和实现的基础和亟待解决的问题,要完善一个反洗钱系统,首先应该考虑如何解决数据问题,只有为反洗钱系统提供干净、完整、正确、无重复信息的数据,才能作一步处理,提高系统效率。

一个良好的 ETL 过程,需要考虑业务数据处理的要求,考虑数据传递过程中如何解决这些多样性和不确定性,以及数据转换的复杂性等方面。ETL 的设计是针对具体的应用相关的,针对不同的业务和分析模型有不同的 ETL 要求。因此,合理设计和实现 ETL 过程,引入元数据管理的功能,将原始大量杂乱、不符合反洗钱系统要求的数据,进行 ETL 以后,转换成反洗钱系统规定的数据模型,并装载到数据集市中,有利于反洗钱系统进行后续的计算、处理和分析,发现有问题的交易,即可能的洗钱行为,对此交易相关的客户、账户等一系列实体进行预警和监控,并完成反洗钱上报等操作,以实现一个健全、完善、高效的反洗钱系统。

6.2.3 反洗钱系统中的 ETL 设计

1. 系统结构分析

反洗钱系统主要由 3 部分构成:业务数据层、ETL 层和数据分析层。其中,业务数据层包括各种业务系统,也就是该层产生了各类型的数据,也就提供了数据源;ETL 层紧接着处理业务数据层产生的各式数据,经过 ETL 的 3 个步骤,逐步对数据源进行操作,将处理后的数据存入标准目标数据库中;最后的数据分析层对经 ETL 处理后的数据进行分析,找出相关性,提取出有价值的数据等,最终实现数据的综合利用,如图 6-7 所示。

2. ETL 整体结构说明

ETL 整体结构如图 6-8 所示。反洗钱系统的数据库划分为两个区域:ODS 区域和 DM 区域。进而可以把系统的 ETL 分为 ETL1 和 ETL2 两个过程。ETL1 主要是从外部加载数据到操作型数据存储区域,通过 ETL2 的处理转换,再到数据集市区域的过程。

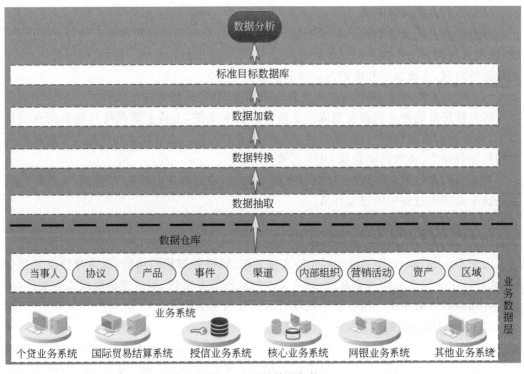

图 6-7　系统简化架构

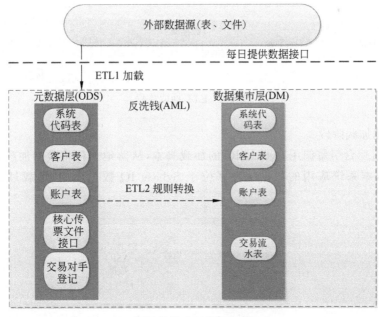

图 6-8　ETL 整体结构

对于 ETL1 过程,实施的环境各有不同,可根据现场的具体环境来确定。从数据形式上可分为文件和数据库表两种方式,而从物理隔离性上则分为本地数据源和远程数据源。

（1）基于关系数据库表。

客户将每日的业务数据以关系数据库表的方式,放入反洗钱数据库服务器的 ODS 区域,或者直接放于一个独立的外部物理设备中,然后要在标志时间字段的"标识表"中注明此数据的时间,方便技术和维护人员读取数据。

（2）基于文件,客户提供的文本文件分为两大类,定长或固定分隔符。

客户将每日的业务数据整理成一定格式的文本文件,上传至数据处理服务所在的机器上,并在标识表中注明时间,然后通知技术和维护人员。之后技术和维护人员通过数据库的批加载命令,将数据加载到 ODS 区域。

对于 ETL2 过程,是将操作型数据存储的数据,经过加工、处理、转换,至数据集市模型。这个是实施过程中的重要环节。

3. ETL 过程详细设计

由于 DataStage 本身支持库对库的直接抽取、转换并加载的功能,而本身特点是列存储,此种特质导致单笔插入非常慢,而从文本加载速度非常快,所以先抽取成文本文件,再从文件加载到数据库中。所以整个过程可以细分为 4 个阶段。

（1）数据抽取阶段。

从企业级数据库抽取数据（见图 6-9）,以 FTP 方式传输到服务器的文件系统上,生成以"@|@"为分隔符的落地文件,整个过程都由汇聚平台 DataStage 完成,由 EDW 主动实现调度。

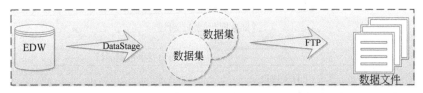

图 6-9　ETL 抽取流程

（2）数据加载阶段。

自动通过后台引擎调用 Sybase IQ 的加载脚本,从落地文件将数据加载到数据库的数据缓存区,本系统应用的数据缓存区位于 Sybase IQ 数据库中,加载过程如图 6-10 所示。

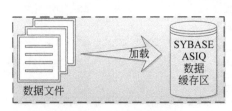

图 6-10　数据加载过程

（3）数据清洗、转换。

采集的源数据来自不同的数据平台和系统,根本无法满足业务应用的实际需求,为了让数据适用于反洗钱系统阶段最终用户的分析需要,数据在进入反洗钱系统数据集市之前都要经过一定的清洗和转换的过程。

如图 6-11 所示,将核心数据进行初次过滤,加载至 ODS 层,包括机构信息、客户信息、账户信息和交易数据等。再利用存储过程,将 ODS 层中的数据进行加工,使之符合反洗钱业务要求,加载至反洗钱的业务(AML 层),即反洗钱数据集市中。反洗钱系统的源数据通常是以满足业务应用为目的进行组织和存放,这种形式多数情况下不适用于反洗钱系统的应用需求。因此采用"面对目标"的原则,提高数据质量,完成数据在数据载入之前的合并、转换和分拆。首先,要使每个来源的数据在缓存区域中完成清洗;其次,按照不同接口的要求,标准化数据元素,重新排序数据;最后,组合提取数据。数据可以在数据抽取时转换,也可以在抽取本地数据库中缓存时转换。根据具体类型和转换要求对其进行加工,主要包括以下几方面。

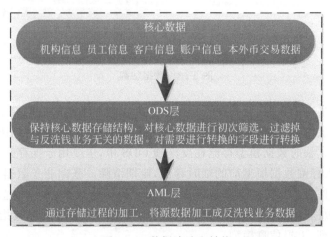

图 6-11 数据清洗和转换

① 直接映射,原来是什么就是什么,原封不动照搬过来(如账号、国家代码等),但在这样的规则下,如果数据源字段和目标字段长度或精度不符,那么需要做一些简单运算。

② 字段运算,数据源的一个或多个字段进行数学运算得到的目标字段(比如为了统一币种,往往要把非人民币的金额通过汇率关联运算得到统一的以人民币或美元为单位的金额),这种规则一般对数值型字段而言。

③ 参照转换,在转换中通常要用数据源的一个或多个字段作为用一个关联数组搜索特定值,而且应该只能得到唯一值。

④ 字符串处理,从数据源某个字符串字段中获取特定信息(如机构代码),经常有数值型值以字符串形式出现。对于字符串的操作通常有类型转换、字符串截取等。因为这些操作过程的随意性会造成脏数据的隐患,所以在处理这种规则时一定要进行字符串处理。

⑤ 空值判断,对于可能有值的字段,不要采用"直接映射"的规则类型,必须判断空值,也可将它转换成特定的值。

⑥ 日期转换,在源数据库中日期值一般都会有特定的、不同于日期类型值的表示

方法。

通过对源数据进行净化、重组、关联、标准化,使数据更准确和有效,从而为后续过程奠定基础。

(4)数据加载阶段。

数据加载的主要作用是将通过 ETL 过程清洗和转化后的数据存储到反洗钱数据集市中,如图 6-12 所示。

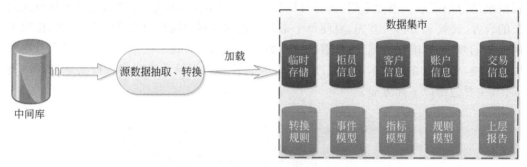

图 6-12　数据加载

加载到数据集市的数据,会根据不同的应用需求建立不同的数据模型,主要可分为数据层模型与应用层模型。对于数据层模型,按照数据意义不同划分为临时数据模型和基础业务数据模型。临时数据模型存储在反洗钱 ODS 中,主要用于保存来自外部数据源的业务数据,是导入标准数据模型前的临时存储,定期清除。基础业务数据模型主要用于保存反洗钱信息监控报告系统用到的数据源表,如代码信息数据、客户信息数据、账户信息数据、交易信息数据等。对于应用层模型,按应用角度不同划分为风险指标数据模型、反洗钱规则数据模型、上报信息模型。

以上工作在具体实施时,还需要定义执行的顺序,从而生成一个完整的数据处理流程,最终将经过转化和清洗的数据放入反洗钱数据库中,为反洗钱系统提供高质量的数据,并能准确、及时地发现存在的洗钱行为。

6.3　电信行业中的 ETL 应用

6.3.1　背景知识

数据是现代企业的宝贵资源,是企业运用科学管理、决策分析的基础。商业智能是近 10 年来运用数据仓库技术发展起来的海量数据分析技术。这种技术对企业内部积累的大量历史数据和可能得到的外部信息进行统计分析和数据挖掘,提取有价值的知识,帮助企业管理者深入了解客户、业务状况,合理预测、制订商业计划,获取更大的竞争优势。

电信行业是我国引入竞争相对较晚的一个行业,但竞争的激烈程度丝毫不亚于其他行业。各电信企业都积累了庞大的客户和业务资料库,并纷纷开始搭建数据仓库以增强竞争优势。但电信行业数据源庞杂且不规范、数据仓库构建环节多且复杂、需求广泛且多变,致使整个数据仓库系统的质量难以保证。以上海电信为例,在用的主要生产系统包括客户关系管理系统、企业资源计划系统、账务系统、故修受理系统以及综合业务受理系统等。这些系统构建的时间不同,各自有不同的处理对象、操作方法和专用客户端,每个系统都是一个数据源,因此它们之间的信息和组织都不一样,且或多或少地存在一些"垃圾数据"。在这样一个巨大而复杂的异构数据环境下,根据模型确定的不同主题域将这些孤立的数据集成起来,并在此基础上提供前端的分析应用就使得整个数据仓库的数据质量成为了项目成败的关键之一。因此,通过规范的、行之有效的、系统的方法对整个数据仓库系统质量实施全面的监控和管理势在必行。

数据仓库系统由三大部分组成:数据集成、数据仓库和数据集市、多维数据分析。而正是上述提到的复杂的生产应用系统环境导致了系统实施、数据整合的难度,也使数据仓库的数据质量控制工作越发重要和艰巨。企业非常希望有全面的解决方案来解决困境,解决企业的数据一致性与集成化问题,能够从所有传统环境与平台中采集数据,利用一个单一解决方案对其进行高效的转换,并对数据的质量进行维护和管理。通常,企业的数据源分布在各个子系统和节点中,利用 ETL 将各业务系统的数据,通过自动化 FTP 或手动控制上传到服务器上,进行抽取、清洗和转换处理,然后加载到数据仓库。因此,保证数据的一致性,真正理解数据的业务含义,跨越多平台、多系统整合数据,最大限度提高数据的质量,满足业务需求不断变化的特性,是 ETL 技术处理的关键。

6.3.2 设计目的

高质量的数据简单说就是符合商业要求的数据。衡量数据仓库数据质量的一个重要指标就是真实性,即数据仓库中的数据是否真实地反映了现实数据的本质。数据仓库保存了来自不同数据源的大量集成的数据,一个数据仓库可以被视为建立在远端数据库上的多个实体化视图。直到现在,对数据仓库设计的研究工作还局限在实体化视图集的数量上,但是质量问题却被忽略了。因此,将 ETL 技术应用其中是一个重要的技术手段,从而为因紊乱数据付出高昂代价的数据仓库的设计者和使用者扫除障碍。

6.3.3 ETL 架构设计

1. 数据仓库系统逻辑架构设计

数据仓库系统的逻辑架构,主要由元数据存储、数据集市和业务应用三大部分组成,元数据存储就是整个 ETL 过程;数据集市相当于数据贸易中心;业务应用主要进行数据分析,如图 6-13 所示。

从图 6-13 可以看到 ETL 在整个系统架构中的主要作用,同时需要对几大组件进行说明,包括数据源、ODS(操作数据库存储)、EDW(企业级数据仓库)、数据集市、ETL 和数据转存区等。

(1)数据源。数据源包括来自于计费、CRM 前台业务受理、联机采集等多个系统的系统数据。

(2)ODS。整合不同数据源,规范数据结构,将来自不同源系统的数据统一存储,主要包括各业务系统一到两年内的重要事务处理的明细数据,如客户信息、设备信息、账单

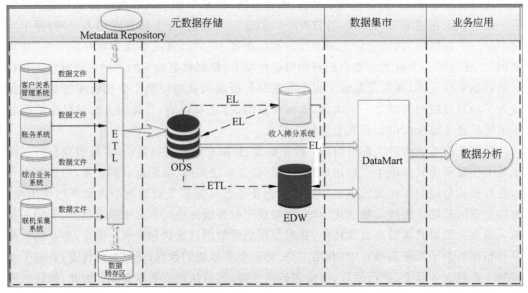

图 6-13　数据仓库系统逻辑架构

明细。ODS 主要作为提供客户经理及渠道管理人员相关的报表和查询(针对中短期的明细数据和相关查询/报表、管理快报等);以及企业级数据仓库 EDW 的一个基础数据平台。

(3) EDW。通过将 ODS 数据进一步按照分析粒度和维度整合,主要包括中长期(3年)的多维度分析型数据和重要的明细数据。EDW 的主要作用是为市场经营分析部门提供中长期管理分析;也为数据集市提供数据。

(4) 数据集市。从 EDW 获取需要分析的数据,采用多维数据库,支持高效的多维分析,是最终用户进行 OLAP(联机分析处理)数据分析的直接数据支持平台。

(5) ETL。负责数据从数据源到 ODS、EDW 等各个关系数据存储过程的所有数据加工、加载以及调度。

(6) 数据转存区(Staging)。为来自多个系统的源数据提供一个同步的缓冲区,完成数据清洗。另外,所有 ETL 过程中的中间数据都存储在数据转存区中。

2. ETL 系统应用架构设计

图 6-14 所示为电信 ETL 系统的应用架构图,主要包括以下几个部分。

(1) ODS 加载和 EDW 的加载采用同样的架构,但 ODS 加载的源端是业务系统,而 EDW 加载的源端是 ODS 收入摊分系统。

(2) ETL 架构从宏观上分为 3 个层次。

① ETL 作业及作业调度。ETL 作业将 ETL 的每个步骤,即抽取、CSS、转换、加载等 ETL 功能模块有机地联系起来,而作业调度根据目标数据表的更新周期和源数据就绪时间,制定日常数据的 ETL 时刻表,自动在规定条件满足时启动相应的 ETL 作业。

② ETL 功能模块。ETL 功能模块层次包含实现每个 ETL 步骤的程序,即抽取、变

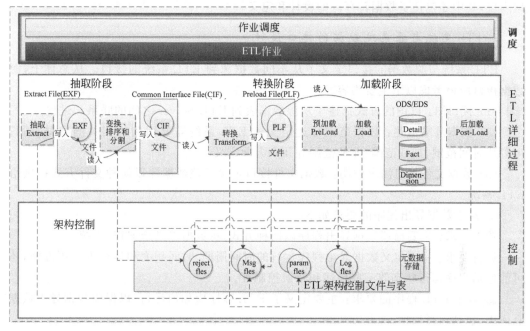

图 6-14 ETL 系统应用架构

换、转换和加载程序。

③ ETL 控制环境。对 ETL 功能模块的运行起到控制与支撑的文件、控制表(如参数文件、日志文件、拒绝文件、元数据库等)以及相应的维护管理程序。

(3) ETL 从功能上分为以下 3 个阶段。

① 抽取。从数据源获取所需数据,输出 EXF 及 CIF 文件。

② 转换。按照目标表的数据结构,对一个或多个源数据的字段进行翻译、匹配、聚合等操作得到目标数据的字段,输出 PLF 文件。

③ 加载。将 PLF 文件直接加载到 ODS 或 EDW 中。

(4) ODS 加载与 EDW 加载的 ETL 过程存在以下不同。

ODS 抽取阶段的输出文件 EXF 全部存放于服务器,而 EDW 的抽取阶段不产生 EXF,直接输出 CIF。

6.3.4 ETL 接口设计

ETL 系统作为数据仓库的一个重要组成部分,不是孤立的,需要与数据仓库的其他部分进行交互。因此,ETL 与数据仓库其他部分的接口也是 ETL 系统设计的一个重要环节。从 ETL 系统与数据仓库各个主要部件之间的关系来看,ETL 系统接口主要有以下几类。

(1) ETL 系统与源数据的接口。

(2) ETL 系统与前端的接口。

(3) ETL 系统与服务台的接口。

其中以 ETL 系统与源数据之间的接口最为重要,因为它直接定义了 ETL 系统的数据入口,其中还包括了数据转存区的设计和定义。

1. ETL 系统与源系统数据的接口设计

ETL 系统与源数据的接口定义了从不同数据源到 ETL 系统的接口。从总体上,源数据接口应该考虑以下主要内容。

(1) 接口图:以图的方式描述了从源数据表到 ETL Server 之间的联系和过程。

(2) 数据范围描述:数据范围描述定义了 ETL 系统需要用到的相关的数据范围。可以从时间范围、加载范围、业务范围等几个方面定义。

(3) 数据文件接口需求说明:数据文件接口定义了该数据源以何种文件方式提供给 ETL 系统。

① 对于数据导出程序的要求如下。

功能要求:主要描述数据导出程序以何种方式,将数据提供给 ETL 系统。

运行要求:主要定义数据导出程序运行的时间周期、时间频度和运行方式等方面,还可能包括程序运行状态的一些描述和错误控制等。

② 对于 ETL 程序的要求:主要定义了 ETL 程序应如何运行,以保障数据导入数据仓库中,包括运行周期、加载方式等。

③ 对数据库管理员的要求:主要定义了与数据库管理员相关的一些任务职责描述,包括需要数据库管理员对 ETL 提供的各种支持等。

④ 从整个数据仓库的源数据而言,系统包括以下主要数据。

客户关系管理系统数据,历史+初始+增量。

计费数据:历史+初始+增量。

联机采集系统:历史+初始+增量。

2. 临时区域接口描述

(1) 临时区域是加载 ODS 数据的 ETL 从各源系统抽取数据的暂存区,其主要作用如下。

① 将分布于不同源系统的源数据抽取到统一的平台,便于后续的 ETL 过程集中进行整合处理,并最终将整合后的数据加载到 ODS 中。

② 由于源数据在临时区集中存放,系统管理员只需对临时区的数据定期备份,如果 ODS 崩溃,就可以通过直接恢复临时区的数据重新进行 ETL 的加载,而不用再从源系统抽取,大大加快数据恢复的效率。

(2) 临时区的数据表/文件设计应严格按照源数据的数据结构,完整代表数据源,需遵循以下原则。

① 可以全部抽取源表所有字段,也可以只抽取部分字段,但抽取字段的类型定义与源表字段定义完全一致。

② 可以在源表的数据结构上增加特殊含义的字段,增加的字段必须放到表结构的末尾。

③ 对抽取的数据不做任何变换,保持源数据的原有状况。

（3）临时区接口流程图，如图 6-15 所示。

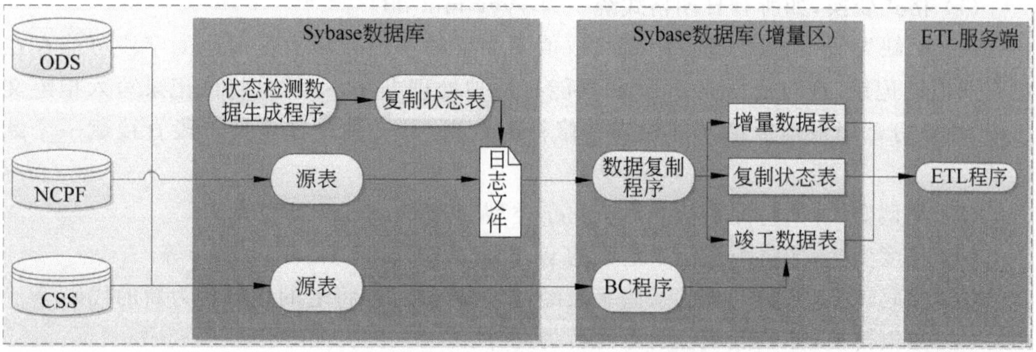

图 6-15　临时区域接口流程

数据复制程序实时读取 ODS 的数据库日志,获取源表变化的记录并将记录写入对应的转存区的数据表中,转存区表包括增量复制表和全量复制表。

状态检测数据生成程序定时(如 5min)向 ODS 的复制测试表中写入一条测试数据,数据复制程序应当于最长不超过 10min 将该条记录写入转存区的复制测试表中。BCP 程序用于每日定时将源表完整复制到转存区数据表中,用于源端变化频繁,但只需要每日最后状态的快照数据刷新加载到 MODS 的表。数据复制程序与 ETL 程序以转存区的数据表和控制表作为接口,从而全面完成数据从 ODS 源系统到 MODS 的数据加载过程。

6.3.5　控制实现

整个 ETL 过程分为抽取阶段、数据变换阶段、数据转换阶段和数据加载阶段。

1. 抽取阶段

数据抽取是从数据源获取所需数据的过程。数据抽取中对数据质量的控制包括如下工作。

（1）数据范围过滤,抽取源表中的所有记录或按指定日期进行增量抽取。

（2）抽取字段过滤,抽取源表中的所有字段或过滤掉不需要的源数据字段。

（3）抽取条件过滤,如过滤到指定条件的记录。

（4）数据排序,如按照抽取的指定字段进行排序。

（5）回车替换,ETL 采用文本文件作为中间文件,如果抽取的字段中含有回车符,则替换为空格。

为提高 ETL 效率,数据在进入 ETL 系统后,抽取文件都将转换为纯文件格式。在整个 ETL 过程中,除数据抽取外,都不使用效率较差的 SQL 方式进行数据处理。

2. 数据变换阶段

变换的任务是逐条记录地检查数据,将每个字段转换为遵循数据仓库标准的数据格式,即对数据类型和数据格式进行转换,并为空字段赋予适当的默认值,形成规整的数据结构,对于不符合要求的数据,写入拒绝文件中。数据变换主要的工作如下。

（1）格式变换,如所有日期格式统一为 yyyy-mm-dd。

（2）赋缺失值,在数据仓库中定义取值不为空的字段在源数据对应的字段可能存在没有取值的记录,这时根据业务需要,可能有两种处理办法,一种是将该记录写入拒绝文件中,由业务部门根据拒绝文件检查并修补源数据,另一种是在变换阶段直接赋一个默认值。

（3）类型变换,如将源系统的 Number 类型转为 varchar2 类型等。

（4）长度变换,如将源系统中定义的 varchar2(10)转为 varchar2(20)等。

（5）代码转换,如源系统的某些字段经过代码升级后,将老的代码转为新的代码等。

（6）数值转换,如数值单位由万元转为元等。

（7）去除空格,去除字符类型的数据中的前后空格。

（8）特定字符转换,如用于联机分析计算的某些字段不能含有加减乘除特殊符号,需要根据业务规则对这些字符进行指定替换。

（9）去除重复记录。

3. 数据转换阶段

数据转换是按照目标表的数据结构,对一个或多个源数据的字段进行翻译、匹配、聚合等操作得到目标数据的字段。数据转换主要包括格式和字段合并与拆分、数据翻译、数据匹配、数据聚合以及其他复杂计算等。

（1）字段合并与拆分。

字段合并是指源数据的多个字段合并为目标数据的一个字段。字段拆分是指将源数据中一个表的一个字段拆分为目标数据的多个字段。

（2）赋默认值。

数据仓库中有的字段,在源系统中并没有对应的源字段,这时根据模型的设计,可能需要赋一个默认值。

（3）数据排序。

TR 程序有时需要合并两个或多个 CIF 文件,在合并之前需要将 CIF 文件按要求的键排好序,这样可以加快合并的速度,排序的过程在转换之前进行。

（4）数据翻译。

将源系统中一些表示状态、类型等的代码直接翻译为其所表达的意思,或反之。数据翻译需要用到参考表,数据参考表一般是字典表或根据源数据与目标数据的定义手工产生,如果数据翻译时在参考表中找不到对应的对照,则根据业务规则,需要将对应的记录拒绝出来或赋默认值。

（5）数据合并。

按一定条件(一般是键值相等)对数据进行合并,找出描述同一对象的分布在不同数据表中的记录,并把这些记录联系起来。数据合并其实是数据翻译的一种特殊情况,主要用于数据量特别大的情况。数据合并在实现方式上一般先对要合并的两个表分别排序,然后依次对两个表的记录进行匹配合并,这样可以大大加快处理的速度。

（6）数据聚合。

对数据按照不同分组进行汇总等统计计算，一般是用于汇总表的计算，主要的聚合种类有：求和、求平均值、求记录数、求最小值、求最大值、取第一行、取最后一行。原则上，ETL 只处理规律而重复性大的数据聚合，如汇总、取平均值、找最大最小值等，而不用于复杂计算，以减少开发成本和系统负载。对于不规律而且复杂的计算，应该由源系统端将数据计算好或在数据仓库端开发专门的计算程序，在 ETL 加载完成以后调用。

（7）代理键值分配。

对于数据仓库中设计的代理键，代理键值的分配一般有两种方法，一种是在数据库中通过数据库功能将该字段设为自动增加类型，另一种是由 ETL 过程分配键值，代理键值一般为数值型，并且必须保证键值分配不重复。

4. 数据加载阶段

经过数据转换生成的 PLF 文件的结构与数据仓库数据表的结构完全一致，可以直接通过数据加载工具，以批量加载的方式加载到数据仓库中。数据加载工作分为 3 个阶段。

（1）预加载阶段。

在真正进行数据加载之前还可能需要完成以下准备工作：删除数据仓库中数据表的索引，提高加载效率。主要是针对 detail 及 fact 大表，可以直接调用数据库管理员创建的索引维护脚本。数据库管理员调试过数据仓库后，必须更新相应的索引维护脚本，以保证 ETL 能够正确删除和建立索引。

（2）加载阶段。

加载阶段主要完成将 PLF 文件的数据加载到数据仓库的表中，需要用到的加载方式有两种。

① Refresh。即将目标表的数据完全更新，有两种方式实现，一是先 Truncate 目标表的数据，然后再完全插入要加载的记录，这种方式的效率比较高，但不能保证事务处理的完整性。

② 先删除目标表的数据，然后插入要加载的记录，这种方式的效率比较低，但可以将删除和插入操作放在一个事务中执行，保证事务处理的完整性。由于这种方式的表一般是数据量较少的维表，因此建议采用删除和插入的方式。

（3）后加载阶段。

① 重新生成索引：在后加载阶段删除的索引需要在此重建，该过程就是调用数据库管理员维护的索引维护脚本。

② 清理临时文件：如数据为空的拒绝文件。

③ 反抽比较文件：将加载完成的表的当日快照反抽出来写成文件，用于在后加载阶段进行文件比对。

通过以上 ETL 过程，保证加载到数据仓库中数据的质量，进而为该行业的决策层提供正确的决策奠定坚实的基础。

6.4 云计算下的 ETL 设计

6.4.1 云计算简介

继大型计算机和客户端-服务器之后,云计算是一种新型的、基于互联网的计算方式,它共享一系列可动态升级和被虚拟化的资源,并将这些资源提供给云计算平台的所有用户访问,用户无须具备任何相应的专业知识和技术,只需要按照个人需要租赁云计算平台中的各种资源即可。通过云计算平台可将计算或存储任务同时分开部署在由大量计算机构成的资源池中,应用系统也能够获得自身需要的计算能力、存储空间和信息服务。此外,云计算还具有虚拟化、通用性、可扩展性、可靠性高、经济性好等显著特点。云计算作为一种新型的商业计算模式,综合了并行计算、分布式存储等技术的优点,具有超强的计算能力和存储能力。因此,利用云计算模式的特点是目前解决传统数据仓库不足的一种有效方案。目前,云计算研究主要集中在分布式处理、分布式存储两方面,并已经取得了一定的成功经验。

6.4.2 传统数据仓库 ETL 面临的困境

传统数据仓库 ETL 体系结构如图 6-16 所示。首先,ETL 模块将业务系统中分布的、异构数据源中的业务系统基础数据,如关系型数据、非结构化数据等抽取到临时中间层;然后,根据数据仓库规范,对业务基础数据进行清洗、转换、集成;最后,加载到数据仓库,或相应的数据集市中,数据仓库的数据就成为接下来联机分析处理、数据挖掘等工作的基础。

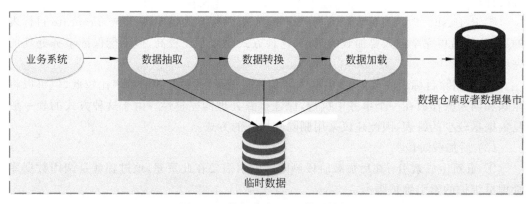

图 6-16 数据仓库 ETL 体系结构

但是随着时代的不断发展,传统数据仓库系统的实时性、交互性和通用性不足的缺点日益明显,主要原因包括以下几个方面。

1. 海量数据存储、处理、加载

所谓海量数据,是指企业日常业务产生的数据量至少达到 TB 级别,甚至是 PB 及以上级别,导致计算机无法按常规方式一次性将如此大量的数据载入内存,或者无法在短时间内处理完成。针对海量数据的存储、处理、加载也是目前数据仓库领域研究的重点问题。将业务系统中的基础数据通过抽取、转换、加载操作到数据仓库或数据集市中是ETL 的一项基本功能,然而,当遇到每日 TB 级别,甚至 PB 级别的数据量时,传统的 ETL架构和策略表现平平,无法取得令人满意的效果,与业务人员的实际期望相距甚远,从而给传统 ETL 架构模式带来了巨大压力。

2. 日益复杂的业务分析需求

在计算机科学与技术高速发展的推动下,海量数据信息时代已经到来,同时全球数据总量仍然处于高速增长阶段。目前,各行各业产生的业务数据量增长速度非常快,而且相关业务分析需求也变得日益复杂,导致传统数据仓库的数据存储、处理日益困难。在此背景下,用户想从这些海量数据中获得自身感兴趣的相关有效信息非常困难,在这种情况下,企业数据仓库如何能够快速灵活地适应不断变化的各种业务分析需求提出了更高的要求,同时数据仓库系统自身的实时性和交互性也要求随之提高,才能满足企业日益复杂的业务分析要求。然而,传统数据仓库系统在处理企业新型业务数据方面的能力严重不足,如传统数据仓库在处理非结构化、大容量等类型的数据信息时非常吃力,且最终处理效果也难以让用户满意。此外,传统数据仓库系统响应速度慢、交互性差也是导致其难以适应企业复杂业务分析需求的一个重要原因。

针对目前数据仓库 ETL 面临的困境,如何优化数据仓库现有 ETL 架构和策略已经成为亟待解决的难题。

6.4.3 ETL 系统设计

该系统的设计架构主要由客户端层、服务层、ETL 处理层和存储层组成,如图 6-17所示。客户端层主要负责元数据管理、调度管理、任务管理、接入管理等;服务层主要负责元数据服务、调度服务、任务服务、接入服务等;ETL 处理层主要负责数据的 ETL 过程,进而起到调度任务和管理流程的作用;存储层主要是数据的高效存储,这里主要是日志数据和 HDFS 数据。

6.4.4 ETL 工作流

下面针对目前数据仓库 ETL 面临的困境,主要从 ETL 工作流的抽象描述、ETL 工作流改造、关键技术 3 方面探讨一种针对云计算特点的数据仓库 ETL 优化系统。

1. ETL 工作流的抽象描述

假定 ETL 工作流中的一个基本活动用参数记为 EA,具体含义是表示对输入记录集进行一次原子操作,得到一个输出集,同时一个基本活动 EA 包括 4 个子元素,EA =$\{ID, I, O, S\}$,其中,ID 用于标识其所在 ETL 工作流程中的位置,I 表示输入记录集,O 表示输出记录集,S 则表示该活动的映射规则,如 Map 规则。另外,定义参数 RS 描述 ETL工作流中的数据集合属性信息,而且 RS 包括输入、输出数据信息两部分具体内容,同时

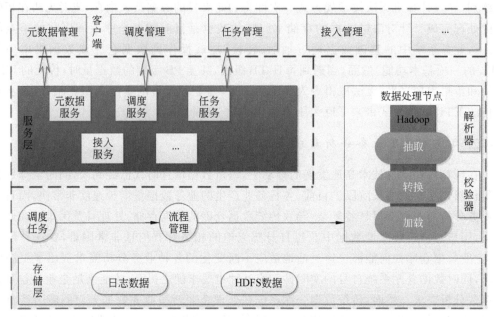

图 6-17 ETL 系统架构

用参数 R 表示两个基本活动之间的关系,如当基本活动 EA1 输出记录正好是活动 EA2 的输入记录时,表示活动 EA2 需要从活动 EA1 接收数据才能进行下一步处理。

在上述假定的基础上,一个 ETL 工作流程看作由基本活动 EA、记录数据集 RS 和关系 R 3 部分组成,而且在整个 ETL 工作流程中,各个部分的数量都是有限的,其相互间共同构成一个有向无环图,用参数 G 表示。其中,基本活动 EA 或记录集 RS 可用图 G 中的节点来表示,而活动或记录集间的关系 R 则可用图 G 中的边描述,即 $G(V,E)$,$V = EAURS$,$E = R$。

2. ETL 工作流程改造

根据上述 ETL 工作流程抽象描述和云计算模式的基本特点,下面通过对 ETL 工作流程进行简化、合并,以降低磁盘和数据传递的消耗,即对 ETL 工作流进行改造,以达到提高 ETL 工作流程执行效率的最终目的。因此,如何采取合理的手段和机制来转换 ETL 工作流程方案,使整个 ETL 工作流程状态转换的执行代价最小是实现 ETL 工作流优化改造的关键。

基于上面分析可知,ETL 工作流程可采用有向无环图描述,所以 ETL 工作流改造优化问题,可转化由转换状态空间、引起转换的算符计划和用于指出图成本的费用函数来解决,即寻找整个工作流程图中费用最低的最优解,用参数 Smin 表示最小代价状态。因此,这里 ETL 工作流程改造的基本思想是:通过遍历 ETL 工作流程图的等价变化状态,找出代价最小的状态,并进行合并或替换,同时为了避免大规模遍历 ETL 工作流程产生的所有状态,还需要使用一些启发式规则指导来完成对 ETL 工作流程图的搜索遍历。

3. 关键技术

目前,云计算模型涉及的关键技术主要有分布式计算、分布式文件系统、分布式并行运行框架等,下面介绍如何把这几种技术应用到数据仓库 ETL 中。

分布式计算是现阶段解决海量数据存储、处理的有效手段,而且在理论和实践上都已经被证实。分布式计算包括分布式文件存储和并行计算两方面内容。其中,分布式文件存储有效地解决了企业海量数据存储问题,同时具备位置透明、移动透明、性能透明、扩展透明、高容错、高安全、高性能等特点。目前,业界比较流行的分布式文件系统有 GFS 文件系统、HDFS 文件系统、KFS 文件系统。分布式并行计算是保障海量数据处理能力的关键内容,它可以对一些技术细节进行封装,如数据分布、任务并行、任务调度、负载平衡、任务容错、系统容错等,如此,最终用户只需要考虑任务间的逻辑关系,而不需要考虑其中的技术细节,系统后期的维护成本也可以大大降低。现阶段典型的分布式计算框架有 MapReduce、Pregel、Dryad 3 种。其中,MapReduce 可以在大量 PC 上并行执行海量数据的收集和分析任务,在搜索、数据仓库、数据挖掘等领域都获得了广泛应用。在本例的 ETL 工作流程抽象描述模型中,ETL 是按顺序执行工作流程中的各个基本活动单元 EA,而且每个 EA 的执行包括 Map 计算和 Reduce 计算两部分内容。当活动 EA 完成 Reduce 计算后,其计算结果将会直接存储到分布式文件系统,后一个活动执行 Map 计算,则需从分布式文件系统中寻找所需数据。此外,有些活动的执行顺序是线性的,即前一个活动的执行输出结果恰好是后一个活动执行所需的输入记录集,因此可将这种类型的多个基本活动 EA 计算规则合并到一个活动进行计算,以降低数据仓库中数据传递的消耗,提高海量数据的处理效率。

ETL 系统架构如图 6-17 所示。其中,存储层的 HDFS 数据是指采用云计算环境中的分布式存储方式来存储 ETL 模块要使用和运算所需的大规模数据文件,数据处理节点的主要功能是负责完成数据抽取、转换、加载等任务,以供数据流程模块调用。系统客户端层是使用 BS 结构,远程用户可以通过浏览器实现对数据仓库 ETL 的管理和控制。这种系统架构方案可以充分发挥系统中每一台服务器的运算能力,而且系统自身的性能十分依赖服务器数量的多少,随着企业自身业务规模的扩展,用户可以非常方便地通过添加服务器不断提升系统性能,以满足不断增长的业务需求。

6.5　BI 项目中的 ETL 应用

6.5.1　BI 概述

商业智能(Business Intelligence,BI),又称商业智慧或商务智能,是指用现代数据仓库技术、线上分析处理技术、数据挖掘和数据展现技术进行数据分析以实现商业价值。商业智能的概念最早是由高德纳咨询公司提出来的。确切地讲,商业智能并不是一项新技术,它是将数据仓库(DW)、联机分析处理(OLAP)、数据挖掘(DM)等技术与资源管理系统(ERP)结合起来应用于商业活动实际过程当中,实现了技术服务于决策的目的。商业智能一直存在于企业的日常工作当中。比如对数据的简单整理、对报表的分析、通过这些分析做出未来若干时间内的工作规划等,这些都是商业智能的表现。随着企业信息化的发展,在应用资源管理系统过程中,大量的数据积累、大量的信息涌现,造成了企业对资源管理系统数据信息的困惑,从而引发了企业对于专业商业智能软件产品的需求。商业智能不再仅仅是一种概念、一种技术,它更多地成为了一种业务层面的需求,为企业应用服务。本节以某酒店集团不断发展的业务为例,传统的ETL造成数据抽取效率低的问题,为克服此问题,在BI项目中设计并实现了ETL多数据流的并行抽取方案,不仅提高了ETL工具的抽取效率,而且扩展了ETL现有的系统架构。

6.5.2 ETL功能架构

ETL作为数据仓库的重要功能组件,用于完成从源数据到BI数据服务层的数据转移工作。本节设计的目标ETL功能架构如图6-18所示。

各个功能模块介绍如下。

（1）数据流处理过程,即数据抽取、加载与转换,包括源数据与目标BI数据层之间的数据逻辑映射关系。

（2）作业调度控制,即ETL控制流过程,主要根据各个主题的ETL数据流和数据流层次的依赖关系,进行作业编排和调度管理。

（3）作业执行状态和状态历史监控,可通过日志表方式实现。

（4）异常处理和恢复,遇到异常情况导致数据ETL过程出错时,可以采取操作,使数据库中的数据恢复到离数据正确最近的时点,从而进行恢复性加载,保证数据的可恢复性和数据处理的灵活性。

（5）数据质量检查,是保证数据在转移和转换过程中正确性的重要手段,可以在数据表级、记录行级、主要数据字段级进行检查,并将检查结果写入结果库,用于产生数据质量检查报告等。

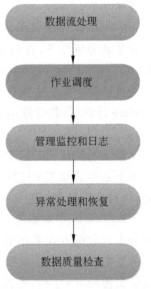

图6-18 ETL功能架构图

6.5.3 ETL数据流

1. 数据抽取

（1）实现方式。

数据抽取是从各个源系统数据库抽取并集中数据,尽快落地到临时存储表。采用直接映射的方式,一般不做数据转换。它的抽取频率一般为$T+2h$,特殊情况下是$T+1h$或$T+6h$。

这部分数据抽取的难点主要是异构数据源,本节用到的数据源类型有SQL Server（PMS、客户关系管理、网站、主数据管理系统、优惠券等）、Oracle（财务处NC）、平面文件、专有立方体(IBM TM1)。前三种数据源类型,都可以采取 SSIS 直连抽取的方法来解决。专有立方体数据源类型,可以先将 TM1 导出成平面文件,再由 SSIS 处理解决。

抽取方式分情况实现,如果是初始化抽取或者是回溯抽取,则选择全量或者是范围抽取。如果是日常的抽取,就选择增量抽取,抽取工具选择 SSIS。目标表的更新方式分两种情况。一种是更新已有的数据,需要使用 ETL 确保数据的唯一性,如果逻辑上已保证,或目标表已启用逻辑主键,则可省略确保唯一性的步骤。另一种情况就是直接插入新数据,具体的实现由于临时存储表中一般只保留最近 3 天的增量数据,考虑性能和灵活性,可以使用一个集中的 Job 和配置表定期清理,不单独在每个 ETL 映射中清除。

(2)数据流图。

根据这一层数据的特点,这一层数据抽取的整体思路是从数据源中增量抽取数据至临时存储层。增量抽取要先判断是否有时间戳字段(帮助系统运维人员进行监控,利于系统管理人员及时处理错误。),如果有,则直接根据这个时间戳字段进行增量抽取到临时存储层。如果没有,则只能通过日志信息来载入增量数据进行抽取。数据抽取流程图如图 6-19 所示。

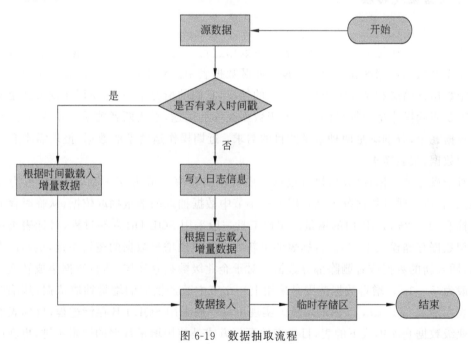

图 6-19 数据抽取流程

(3)增量抽取依据。

一般情况下,这部分的数据抽取应当采取增量抽取。在增量抽取标记的选择上,为了减少 ETL 抽取过程中对上游业务日期的耦合性,首先应考虑使用上游源表中的"记录修改/更新时间戳"或上游源表中的"记录版本戳";在某些特殊情况下,才考虑采用"业务日期时间"等业务字段。具体情况还要具体分析,源系统表的现状有多种情形,所以 SSIS 在进行增量抽取时,所依据的增量抽取标记也不尽相同,具体如表 6-1 所示。

表 6-1　增量抽取依据

序号	源系统表的现状条件	ETL 增量抽取方式
1	记录创建：更新"修改时间" 记录修改：更新"修改时间"	源系统的"修改时间"
2	记录创建：更新"创建时间"，不更新"修改时间" 记录修改：更新"修改时间"	源系统的（"创建时间""修改时间"）两个字段的组合
3	无"修改时间"；有记录版本戳	记录版本戳
4	无"修改时间"，无版本戳；但通过某些数据关系，可以定位到确定性的增量变化数据集	通过数据关系，增量抽取
5	无"修改时间"，无版本戳；无定位增量数据集的数据关系	ETL 全量抽取或指定业务范围抽取
6	偶尔，源系统发生了批量数据清理，但没有更新"修改时间"	ETL 全量抽取或指定业务范围抽取

2. 数据集成转换

（1）实现方式。

数据集成转换是从临时存储区表中将数据进行一定的清洗转换、数据集成后，分别加载到操作型数据存储区和企业级数据仓库区数据表中。对于这一部分的抽取主要是考虑操作型数据存储层和企业级数据仓库层的抽取，它们的情况不一样，所以实现方式也不相同。需要明确操作型数据存储与企业级数据仓库的用途，平衡两者关系。保持功能简单，适度数据冗余，分别满足两种常见的目的需求：近期操作运营型的数据、报表需求和历史分析型数据、报表需求。

对于操作型数据存储层，执行数据集成转换的频率一般为 $T+2h$，特殊情形为 $T+1h$ 或 $T+6h$。增量数据范围是采用上一小节中数据抽取的增量抽取依据，从临时存储区表中抽取 $[T-2h,T]$ 以内的增量。实现工具一般采用 SQL DB 存储过程，目标表类型是操作型数据存储模式下的表，目标表的更新方式是使用增量数据的逻辑主键，更新已有的数据，插入新的数据或者删除部分数据。对于企业级数据仓库层，执行数据集成转换的频率一般为 $T+1d$。增量数据范围是采用上一小节中数据抽取的增量抽取依据，从临时存储区表中抽取 $[T-1d,T]$ 内的增量。实现工具一般采用 SQL DB 存储过程，目标表类型是企业级数据仓库模式下的表，目标表的更新方式是使用增量数据的逻辑主键，更新已有的数据，插入新的数据或者删除部分数据。

（2）数据流图。

根据这一层数据的特点，这一层是从临时存储区层抽取数据，要考虑到实际数据量的大小，如果是少量的数据，则根据上一层抽取那样，直接进行增量抽取。如果数据量过大，就要考虑是否有一部分数据只需要进行更新操作即可。因此，设计出来的数据流程图如图 6-20 所示。

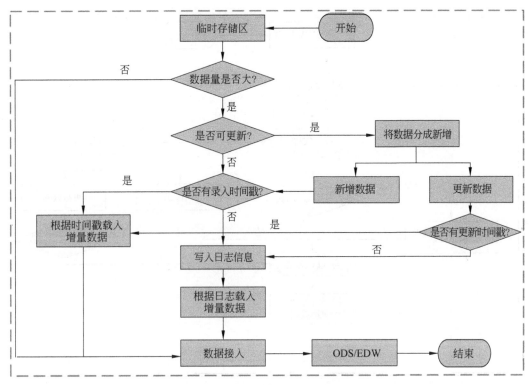

图 6-20 数据抽取 ETL1 流程

3. 数据计算

(1) 实现方式。

数据计算是从企业级数据库表中提取数据,汇总到所需的颗粒度,并计算所需的关键绩效指标,然后插入数据集市表中。这一部分主要考虑的难点是指标计算上的复杂性,需要特殊对待。数据计算频率一般为 $T+1d$,增量数据范围首先依据第一步数据抽取和第二步数据计算中的增量数据范围(数据源变化范围),其次是依据数据计算过程中所依赖的业务字段范围(汇总计算依赖的范围)。实现的工具一般采用 SQL DB 存储过程,目标表的类型是数据集市表。目标表更新方式一般比较简单的情况是更新已有的数据或者插入新数据。

(2) 数据流程图。

根据这一层数据的特点,这一层是从企业级数据库层抽取数据。也是要考虑到实际数据量的大小,如果是少量的数据,则根据上一层抽取那样,直接进行增量抽取。如果数据量过大,就要考虑是否有一部分数据只需要进行更新操作即可。因此,设计出来的数据流程图如图 6-21 所示。

6.5.4 ETL 作业调度

1. 作业调度模式

本节设计的 ETL 按如下 3 种模式调度运行。

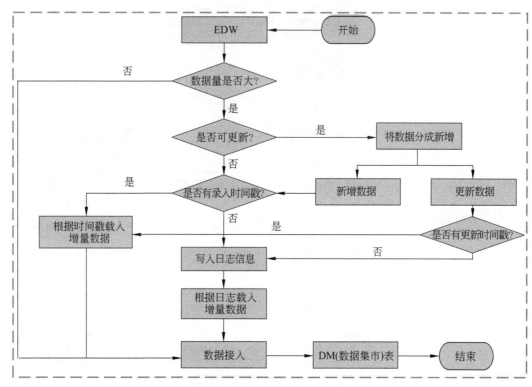

图 6-21　数据抽取 ETL2 流程

（1）初始化运行模式。

该模式为系统初始化时，取原有系统平台的全量数据。

（2）正常运行模式。

该模式正常运行情况，系统将每日全量数据进行增量处理后的源数据作为数据仓库加载的数据源。

（3）异常处理模式。

该模式为 ETL 因异常情况而未能正常结束时，系统管理员手工启动异常处理程序。

2. 作业调度流程

本节设计的作业调度流程是每天的凌晨开始调度各个作业，选择凌晨的原因是这时除了部分的迟到数据，当天大部分的数据已经进入数据库表中。首先要判断调度作业的运行状态、前置条件等是否已经满足要求，只有满足要求以后才可以进行下一步的数据抽取、加载。等这些都成功后，才可以调度作业，并且在这一步要加上异常处理机制。ETL 作业调度的流程图如图 6-22 所示。

图 6-22 中的每一个流程，都会记录日志。ETL 过程的触发由数据仓库计划任务订制，该层 ETL 运行前检查 ETL 状态、上期 ETL 是否跑完、ETL 开始时间和系统时间对比。检查完成开始运行，完成后触发后续 ETL 任务。后续 ETL 由数据仓库计划任务订制或由 SSIS 工具的控制流控制，在规定时间内，完成各个 ETL 过程，每个过程处理相应

的状态、参数等,并记录相应的日志。

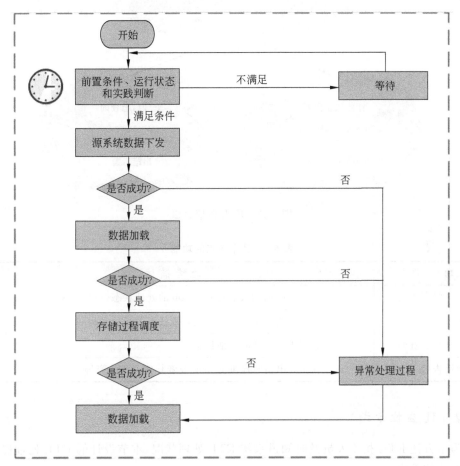

图 6-22 ETL 作业调度流程

6.5.5 ETL 监控和日志

1. ETL 监控内容

本部分设计的 ETL 监控包括以下几方面内容,如图 6-23 和表 6-2 所示。

(1) ETL 系统在 ETL 作业出现错误或 ETL 数据处理质量没达到要求时,通过 ETL 监控系统使用 E-mail、声音、特殊图像等多种告警手段提供告警[9]。

(2) ETL 在作业处理过程中需把作业的处理时间、作业完成或失败信息等记录到数据库中,并在 ETL 监控系统中显示,以了解 ETL 作业的状态以及历史情况。

(3) 另一方面需通过 ETL 监控系统了解 ETL 各作业的数据处理质量情况(如处理的记录数等)。

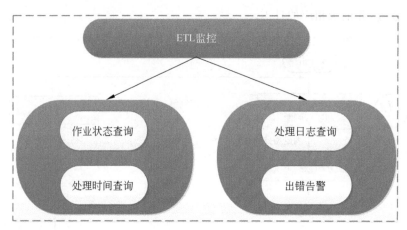

图 6-23   ETL 监控示意

表 6-2   各个节点的功能

功 能	功 能 描 述
作业状态查询	可以根据时间及名称查询 Job 的处理状态(成功或失败)
处理时间查询	查询某批次某个 Job 完成处理任务的开始时间和结束时间
处理日志查询	查看 Job 处理的详细日志
出错告警	在 Job 出错时提供 E-mail 或者其他方式的警告

2. ETL 监控方式

为了方便 ETL 相关人员及时知道系统 ETL 处理状况,本节设计的 ETL 处理提供下面几种监控手段。

(1) Web 监控:在报表平台 Portal 上,ETL 相关人员可以通过 Web 页面,查看当前 ETL 任务处理情况、任务执行情况、任务执行时间等情况。

(2) 调度监控:在 ETL 调度程序中,可以查看并记录当前任务情况,并可以操作调度任务执行。

(3) ETL 提醒:ETL 任务执行失败或成功时,以 E-mail 的方式提醒 ETL 相关人员。

3. ETL 日志和警报

(1) ETL 日志。

ETL 日志分为以下 3 种类型。

① 总体日志。只记录 ETL 开始时间、结束时间、是否成功等。

② 执行过程相关的日志。记录 ETL 在执行的过程中产生的所有记录,包括其中每一个步骤的所有起始时间等。SSIS 工具会自动产生这部分的日志,这类日志作为所有日志的一部分,可以随时知道 ETL 运行情况。

③ 错误日志。当模块发生错误时记录的日志,包括出错模块、出错时间、出错信

息等。

（2）ETL 警报。

ETL 执行过程中产生错误时，不但需要形成 ETL 出错的记录，而且要向相关人员及时发出警告，它可以通过以下方法发出警告。

① 后台日志记录。将各个处理环节的日志信息的记录写入日志表，以实现对 ETL 处理进度和结果的实时监控，详细记录处理信息及处理状态。

② 以邮件方式通知。利用邮件发送任务，及时将警告信息自动发送给相关人员。

③ 前端统计信息展现：提取警告信息并加以统计，以报告形式在前端直观跟踪 ETL 的执行状态。

6.5.6　数据质量检测

1. 数据质量分析

分析数据质量，主要包括数据质量评估、数据质量检查的实施两步。

（1）数据质量评估。

从以下 4 个方面评价数据质量。

① 完整性：所有信息、属性是否按照业务规则以及系统填写完整。

② 准确性：信息能否达到域定义上的各种要求。

③ 当前性：能否反映出当前所有业务的运行状况，就是数据的实时性。

④ 一致性：不同的业务、系统关联的数据能否一致，包括一致的操作、含义、取值及定义等。

以上方面反映出拥有高质量的数据应该是当前的、正确的、完整的、一致的，具体数据的问题明细表如表 6-3 所示。

表 6-3　问题明细表

四　大　类	细　　分
完整性	记录中的关键字段缺失、系统设计时缺少必要的字段、数据集和不完整
正确性	数据格式、内容错误
当前性	数据不符合业务逻辑当前情况
一致性	不同业务系统之间信息不一致，业务系统内部不同表之间信息不一致，引用不完整

（2）数据质量检查的实施。

数据质量检查的实施目标包含两个方面，一是对元数据质量有较全面的了解，比较具体地反映数据仓库设计的各源业务系统的数据质量；二是防范数据仓库内部数据流程过程发生的错误，提高数据仓库的数据质量。

实施目标具体细化如下。

① 使各方对报表系统数据质量有全面的了解、合理的预期和客观的评价。

② 检测出源系统存在的数据质量问题，采用合理的处理方式对其进行处理纠正，或

者提供回馈机制,反馈到源系统进行修改。

③ 报表系统中的数据与业务系统数据相一致,不丢失、不失真。

④ 数据在整合过程中的准确性。

⑤ 数据在前端展现部分处理和理解的正确性。

⑥ 在传输、转换、加载、展现等各环节发生问题时,为追溯问题来源或原因提供条件。

2. 数据质量解决方案

报表系统的所有数据都来自于业务系统,数据的迁移要经过多个环节。而在每个迁移的环节中,数据都会产生各种类型的质量问题。如果可以保证每一个环节的数据质量,就可以整体保证数据仓库的数据质量,从而为建立可信任的、高质量的统一数据平台奠定坚实的基础。这就面临的临时存储层、操作型数据存储层和数据集市层进行说明。

(1) 临时存储层。

临时存储层主要进行记录级检查和指标级检查,其中记录级检查包括以下几个方面。

① 数据类型的检查。

② 数据长度的检查。

此阶段的指标级检查是指统计相应的比对指标值,用来与源系统上报的比对指标值相比较,检查数据是否正确抽取。比对指标可包括记录数等。

(2) 操作型数据存储层。

企业级数据仓库、操作型数据存储层主要进行记录级检查和指标级检查,其中记录级检查包括以下几个方面。

① 主键检查。

② 外键检查。

③ 历史拉链检查。

④ 数据类型检查。

⑤ 数据值域检查。

⑥ 业务规则检查。

⑦ 源系统代码映射变更检查。

⑧ 日期型字段合法性检查。

此阶段指标级检查是指统计相应的比对指标值,用来与临时区的比对指标计算值相比较,检查 ETL 过程中是否存在数据质量问题。也可以用来与源系统上报的比对指标值相比较,检查一致性。

(3) 数据集市层。

数据集市层主要进行指标级检查,此阶段的指标级检查是指统计相应的比对指标值,用来与操作型数据存储或数据集市的比对指标计算值相比较,检查在转换过程中是否存在数据质量问题。也可以用来与源系统上报的比对指标值相比较,检查是否一致。

6.5.7 BI 项目中的 ETL 实现

在 BI 项目中实现 ETL 可分为 4 步:需求说明、思路构想、实现设计步骤、执行结果。

1. 应用需求

在 SQL Server 数据库中有一些数据表,数据的增加和修改都由相应的时间字段来标示,要求定时提取增量数据,然后更新到 Oracle 数据库的相应表中,以达到数据同步。

2. 设计思路

将每个需要同步的数据表叫作一个数据接口,每个接口都给定一个接口编号,设计一个配置表来存放接口的相关信息。每次运行时,先根据接口编号从配置表中取出需要抽取数据的时间段。按照特定时间段从源表提取增量数据,然后更新到目标数据库的相应表中。

3. 实现步骤

(1) 增加接口配置表

创建接口配置表,其中包括接口编号、开始时间、结束时间和接口数,且对其填充数据,其结构实例如图 6-24 所示。

	INTERFACE_CODE	BEGIN_TIME	END_TIME	INTERFACE_
1	I01001	2011-5-31 11:46:26	2011-5-31 12:14:21	1
2	I01007	2011-6-2 18:09:21	2011-6-3 9:43:03	1
3	I01002	2011-6-3 9:32:36	2011-6-3 9:32:37	1
4	I01003	2011-6-3 9:32:56	2011-6-3 9:32:57	1
5	I01004	2011-6-3 9:40:25	2011-6-3 9:40:26	1
6	I01005	2011-6-3 9:41:57	2011-6-3 9:41:58	1

图 6-24　创建接口配置表

(2) 设计通用提取时间的 Transformation,如图 6-25 所示。

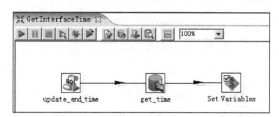

图 6-25　设计 Transformation

(3) 更改接口配置表的结束时间点到当前系统时间,如图 6-26 所示。

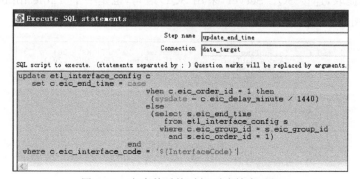

```
Execute SQL statements

Step name        update_end_time
Connection       data_target

SQL script to execute. (statements separated by ; ) Question marks will be replaced by arguments.
update etl_interface_config c
   set c.eic_end_time = case
                          when c.eic_order_id = 1 then
                             (sysdate - c.eic_delay_minute / 1440)
                          else
                          (select s.eic_end_time
                             from etl_interface_config s
                            where c.eic_group_id = s.eic_group_id
                              and s.eic_order_id = 1)
                        end
   where c.eic_interface_code = '${InterfaceCode}'
```

图 6-26　在当前系统时间更改结束时间

（4）提取时间段，如图 6-27 所示。

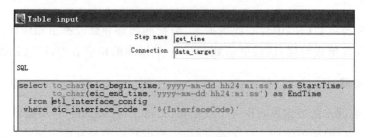

图 6-27　提取时间段

（5）设置变量，供 Job 使用，如图 6-28 所示。

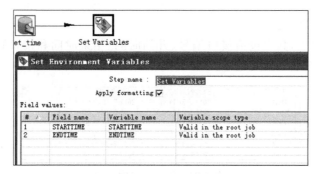

图 6-28　设置变量

（6）设计抽取和装载的 Transformation，如图 6-29 所示。

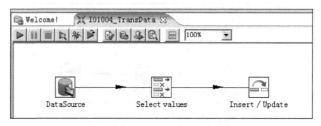

图 6-29　设计抽取和装载的 Transformation

（7）数据提取，连接 SQL Server，采用 SQL 语句，也是一个 Table Input，重点看看时间的用法，如图 6-30 所示。

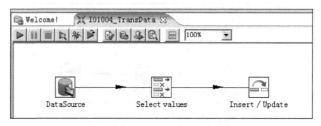

图 6-30　数据提取

（8）数据转换,此处主要用来实现 SQL Server 的 bit 型到 Oracle 的 int 型的转换,否则提取到的数据将是 Y 和 N ,如图 6-31 所示。

Select / Rename values

Step name Select values

Select & Alter | Remove | Meta-data

Fields to alter the meta-data for :

# ∠	Fieldname	Rename to	Type	Length	Precision
1	IsRead	ISREAD	Integer		

图 6-31　数据转换

（9）数据更新,使用 Insert/Update 实现,如图 6-32 所示。

The key(s) to look up the value(s):

# ∠	Table field	Comparator	Stream field1
1	ID	=	Id

Update fields:

# ∠	Table field	Stream field	Update
1	Id	Id	N
2	ToUserId	ToUserId	Y
3	SubTime	SubTime	Y
4	ISREAD	ISREAD	Y

图 6-32　数据更新

（10）设计 Job,如图 6-33 所示。

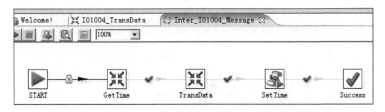

图 6-33　Job 的设计

（11）定义接口编号参数 InterfaceCode,如图 6-34 所示。

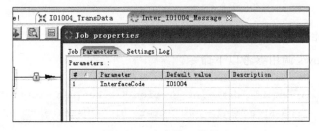

图 6-34　定义接口编号

（12）获取时间，如图 6-35 所示。

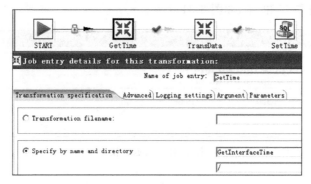

图 6-35　获取时间

（13）传送数据，如图 6-36 所示。

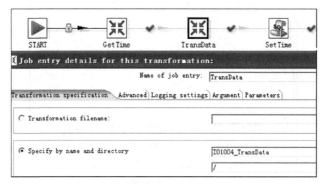

图 6-36　传送数据

（14）更新接口配置表的时间，如图 6-37 所示。

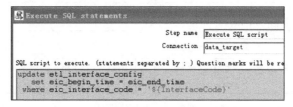

图 6-37　对接口配置表时间进行更新

4.执行

最终使用操作系统的计划任务功能实现定时调度。

Job 的 Windows 调用参考以下命令。

```
D:\pdi-ce-4.1.0-stable\data-integration\Kitchen.bat -rep:"etl" -dir:"/"
-user:"admin" -pass:"admin" -job:"Inter_I01004_Message";
```

6.6　小　　结

本章介绍了 ETL 技术在不同行业中的应用。6.1 节介绍了在校园大数据应用建设中,要制定相应的 ETL 数据清洗策略以保证数据质量,确定数据实体及其之间的关系,最终将数据按照统一的格式存储,以便提供给上层用于数据分析。6.2 节介绍了 ETL 在数据仓库系统中的重要性,并将其应用到银行的反洗钱系统中,对跨平台、多数据源数据进行抽取、转换并加载到统一的反洗钱数据集市中,为后续数据分析奠定坚实的基础。6.3 节介绍主要基于数据仓库和技术基础,如何通过 ETL 技术进行数据质量控制,以及 ETL 各个阶段的具体流程。6.4 节针对目前数据仓库 ETL 面临的困境,主要从 ETL 工作流抽象描述、ETL 工作流优化、关键技术三方面探讨一种针对云计算特点的数据仓库 ETL 优化系统。6.5 节介绍了 ETL 架构设计、抽取数据流设计、作业调度设计等,最后在完成这些设计的基础上实现 ETL。

6.7　习　　题

1. Hive 和 HBase 两者之间有什么区别?
2. 从各个业务平台抽取出来的数据会存在哪些问题?
3. 在反洗钱系统中,ETL 技术应用的重要性体现在哪里?
4. 反洗钱系统的数据库划分为哪两个区域?
5. 在电信行业中,ETL 架构从宏观上分为哪几个层次?
6. 在 ETL 系统应用架构设计中,ODS 加载与 EDW 加载的 ETL 过程有什么异同?
7. 传统数据仓库 ETL 面临哪些困境? 是什么原因造成的?
8. 在商业智能中,ETL 作业调度有哪几种模式?
9. ETL 监控方式有哪几种?

参考文献

图书资源支持

感谢您一直以来对清华版图书的支持和爱护。为了配合本书的使用,本书提供配套的资源,有需求的读者请扫描下方的"书圈"微信公众号二维码,在图书专区下载,也可以拨打电话或发送电子邮件咨询。

如果您在使用本书的过程中遇到了什么问题,或者有相关图书出版计划,也请您发邮件告诉我们,以便我们更好地为您服务。

我们的联系方式:

地　　址:北京市海淀区双清路学研大厦 A 座 714

邮　　编:100084

电　　话:010-83470236　　010-83470237

客服邮箱:2301891038@qq.com

QQ:2301891038(请写明您的单位和姓名)

资源下载:关注公众号"书圈"下载配套资源。

资源下载、样书申请

书圈

获取最新书目

观看课程直播